"十二五"职业教育国家规划教材修订版

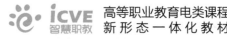

高等职业教育电类课程
新形态一体化教材

电子测量与仪器

（第3版）

主编 黄 燕 陈孝波

U0343737

高等教育出版社·北京

内容提要

　　本书是"十二五"职业教育国家规划教材修订版,是高等职业教育电子信息大类专业核心课程——"电子测量与仪器"的教材。本书以企业电子测量工作任务为载体,以常规电子仪器为工具,以工作过程为主线来设计和组织教学,着重培养学生使用电子仪器完成电子测量工作任务的专业技能。其内容符合职业工作实际,教学设计从简单电子参数测量到复杂参数测量,再到系统参数测量,符合学生职业成长规律和认知规律。本书的编写思想体现了以工作过程为导向的课程改革理念,是高等职业教育课程改革的最新成果。

　　本书共7章,并有2个附录。第1章介绍本课程必要的基本概念和学习方法;第2章到第7章按照从简单到复杂的顺序,以不同的电子测量工作任务为主线设计章节,分别为使用电子计数器测量频率与时间参数、使用电压表测量电压参数、使用示波器测量波形参数、使用频率特性测试仪测量频域参数、使用逻辑分析仪测量数字参数、自动测试系统;附录介绍测量误差与数据处理、信号发生器。

　　本书版面精美,为双色印刷的新形态一体化教材,为核心知识点配有微课、延伸学习、学中做、测量任务等数字化学习资源,可通过书中二维码访问。此外,本书提供PPT课件、习题及答案、实验相关资料等,授课教师可发电子邮件至编辑邮箱 gzdz@ pub. hep. cn 获取。

　　本书适用于高等职业院校电子信息工程技术、应用电子技术等专业及电子信息大类其他相关专业的教学,也可作为企业培训用书、工程技术人员参考书和自学者的辅导书。

图书在版编目(CIP)数据

　　电子测量与仪器/黄燕,陈孝波主编.--3版.--北京:高等教育出版社,2021.11
　　ISBN 978-7-04-055593-6

　　Ⅰ.①电… Ⅱ.①黄… ②陈… Ⅲ.①电子测量-高等职业教育-教材②电子测量设备-高等职业教育-教材
Ⅳ.①TM93

　　中国版本图书馆 CIP 数据核字(2021)第 023993 号

电子测量与仪器(第3版)
Dianzi Celiang yu Yiqi

策划编辑　郭　晶	责任编辑　郭　晶	封面设计　张　楠	版式设计　童　丹
责任校对　高　歌	责任印制　赵义民		

出版发行	高等教育出版社	网　址	http://www.hep.edu.cn
社　址	北京市西城区德外大街4号		http://www.hep.com.cn
邮政编码	100120	网上订购	http://www.hepmall.com.cn
印　刷	北京中科印刷有限公司		http://www.hepmall.com
开　本	787mm×1092mm　1/16		http://www.hepmall.cn
印　张	12	版　次	2009 年 11 月第 1 版
字　数	300 千字		2021 年 11 月第 3 版
购书热线	010-58581118	印　次	2021 年 11 月第 1 次印刷
咨询电话	400-810-0598	定　价	35.00 元

出版说明

教材是教学过程的重要载体,加强教材建设是深化职业教育教学改革的有效途径,推进人才培养模式改革的重要条件,也是推动中高职协调发展的基础性工程,对促进现代职业教育体系建设,切实提高职业教育人才培养质量具有十分重要的作用。

为了认真贯彻《教育部关于"十二五"职业教育教材建设的若干意见》(教职成〔2012〕9号),2012年12月,教育部职业教育与成人教育司启动了"十二五"职业教育国家规划教材(高等职业教育部分)的选题立项工作。作为全国最大的职业教育教材出版基地,我社按照"统筹规划,优化结构,锤炼精品,鼓励创新"的原则,完成了立项选题的论证遴选与申报工作。在教育部职业教育与成人教育司随后组织的选题评审中,由我社申报的1 338种选题被确定为"十二五"职业教育国家规划教材立项选题。现在,这批选题相继完成了编写工作,并由全国职业教育教材审定委员会审定通过后,陆续出版。

这批规划教材中,部分为修订版,其前身多为普通高等教育"十一五"国家级规划教材(高职高专)或普通高等教育"十五"国家级规划教材(高职高专),在高等职业教育教学改革进程中不断吐故纳新,在长期的教学实践中接受检验并修改完善,是"锤炼精品"的基础与传承创新的硕果;部分为新编教材,反映了近年来高职院校教学内容与课程体系改革的成果,并对接新的职业标准和新的产业要求,反映新知识、新技术、新工艺和新方法,具有鲜明的时代特色和职教特色。无论是修订版,还是新编版,我社都将发挥自身在数字化教学资源建设方面的优势,为规划教材开发配备数字化教学资源,实现教材的一体化服务。

这批规划教材立项之时,也是国家职业教育专业教学资源库建设项目及国家精品资源共享课建设项目深入开展之际,而专业、课程、教材之间的紧密联系,无疑为融通教改项目、整合优质资源、打造精品力作奠定了基础。我社作为国家专业教学资源库平台建设和资源运营机构及国家精品开放课程项目组织实施单位,将建设成果以系列教材的形式成功申报立项,并在审定通过后陆续推出。这两个系列的规划教材,具有作者队伍强大、教改基础深厚、示范效应显著、配套资源丰富、纸质教材与在线资源一体化设计的鲜明特点,将是职业教育信息化条件下,扩展教学手段和范围,推动教学方式方法变革的重要媒介与典型代表。

教学改革无止境,精品教材永追求。我社将在今后一到两年内,集中优势力量,全力以赴,出版好、推广好这批规划教材,力促优质教材进校园、精品资源进课堂,从而更好地服务于高等职业教育教学改革,更好地服务于现代职教体系建设,更好地服务于青年成才。

高等教育出版社

第 3 版前言

　　本书自 2009 年 11 月首版面世以来,曾经历了一次修订工作。第 2 版作为"十二五"职业教育国家规划教材,在全国众多高等职业院校使用。随着现代教育技术的快速发展,教学信息化的要求不断提高,为加强教材配套资源的建设,进一步利用数字化学习的灵活性与便利性,适应线上线下教学的需要,有必要对本书再次修订。

　　本书第 3 版的修订保持第 2 版的特色,坚持以掌握岗位技能为目标,以工作过程为导向,围绕工作任务展开教材内容,把必要的理论知识和实践技能融入测量任务的完成过程,实现基于工作过程的教学内容。本书采用任务驱动法,使读者在完成测量任务的过程中,学习和掌握必要的知识和技能,同时了解工作过程中涉及的拓展知识,培养实践技能,提高职业素养。

　　本书第 3 版的篇幅在第 2 版基础上有所缩减,将第 2 版中的"测试任务""学中做"等内容改编为"测量任务""延伸学习""学中做"等数字化教学内容,并增加大量"微课",可以通过手机扫描二维码访问。

　　本书在章节编排和主要内容方面同第 2 版基本一致。

　　本书编者由高等职业教育领域长期讲授电子测量与仪器课程的教师和电子测量仪器企业从事电子测量技术工作的专家组成。参与编写工作的有黄燕、陈孝波、任菊、刘惠英、雷鸣、唐斌、王雷涛、金长江。

　　受编者的学识所限,书中难免有不妥之处,恳请广大师生和读者不吝指正,不胜感谢。

编　者

2021 年 9 月

第2版前言

以工作过程为导向的课程开发方法和行动导向的教学方法,是当前世界上先进的职业教育课程开发方法之一,也是教育部在高等职业教育质量工程中提倡和在国家示范性高职院校建设项目课程改革中倡导的专业课程开发方法。所谓"工作过程"是指在企业里为完成一项工作任务并取得工作成果而进行的一段完整的工作程序,它是动态的却又是相对稳定的。以工作过程为导向,就是以针对岗位群的实际工作过程为主线,来串起整个职业教育教学的各个环节和过程,让职业活动的各个元素渗透和融合在以工作过程为导向的教学过程中,渗透和融合在专业课程开发与设计中,从而形成职业化的课程和教学环境。通过这种环境培养出来的学生,浑身都会充满职业的气息,成为企业所需要的高职院校的毕业生。

按照以工作过程为导向的课程改革思路,在德国职业教育专家的指导下,成都航空职业技术学院进行了电子信息工程技术专业课程体系的开发和设计,形成了适应中国高职教育的电子信息工程技术专业"1+3"结构专业课程体系,并对这个专业课程体系中的专业核心课程"电子测量与仪器"课程进行了重点开发和建设,本教材就是国家示范性高职院校建设项目以工作过程为导向的课程改革的成果。

"电子测量与仪器"课程在电子信息工程技术专业"1+3"结构专业课程体系中属于专项能力训练课程,其课程核心目标是使用电子仪器完成电子测量工作任务。本课程的设计思路是贯彻以工作过程为导向的课程开发方法和行动导向的教学方法,课程内容选取以实际工程应用中具有典型性的工作项目(任务)为案例,并经过教学加工和重新设计,把必须掌握的理论知识和技能融合在完成项目任务的过程中,并以完成项目任务为课程教学结果。即精选企业使用的典型电子测量任务为载体(频率计、电压表、示波器等仪器为工具),按照从简单到复杂的职业能力训练过程进行教学设计,从简单参数测量到复杂参数测量,再到系统参数测量。学习情境和教学单元按照完整工作过程进行教学设计,将体现完整工作过程的各个元素融会于学习情景设计中,并采用任务驱动的一体化的教学方法实施教学。

本教材的构建是以岗位职责需求为目标,以适应电子测量与仪器应用发展的需要为出发点,与电子产品测试实际工作过程紧密联系,具有"教材内容实用、实效,理论与实际结合,掌握知识与培养能力并行"的特色。本教材注重培养学生在电子测量技术领域分析问题和解决问题的专项技能,使学生掌握电子测量的基本原理,分析并理解被测对象及其测量要求,能选定测量方法并制订测量方案,能选择常用的测量仪器或组建测量系统,掌握进行实际的测量操作、采集和处理数据,以便学生在将来所从事的测试技术、计量和微机应用等技术活动中实现三个"正确":正确地构建测量系统,正确地操作测量仪器,正确地进行数据采集、分析和处理。

系列的任务工作单是本教材的特色之一,任务工作单由企业技术专家提供,来源于企业工作一线,充分体现电子测量岗位工作任务完成过程的步骤(咨询、计划、决策、实施、检查、评估)和相关要素(职责、任务、流程、对象、方法、工具、组织等),并经过教育专家的教学加工和重新设计,成为完成教学任务的教学载体。教材中的章节设计贯彻以工作过程为导向,围绕项目任务展开教材内容,把必须掌握的理论知识和技能融会在完成测量项目任务的过程中,基本实现了基于工作过程的教材内容的开发。教材中采用项目教学或任务驱动法,使学生在完成测量任务中,学会并掌握工作过程所需要的知识和技能,同时感悟工作过程中的隐性知识,同时也培养学生学习能力、方法能力和社会能力,并提高职业素养。

校企合作共同开发"航空电子信号采集系统"综合实训装置,是"电子测量与仪器"课程改革和本教材的另一特色,通过校企共建的专业实训室和共同开发的综合实训装置,将工作现场移植到学校教学中,使教学过程呈现岗位工作要素,即工作现场教学化、教学过程工作化,让学生在教学中感到工作就是学习、学习也就是工作。

本教材于 2009 年 9 月由高等教育出版社出版了第 1 版,经过几年的使用以及电子技术的发展,现重新进行了修订。

1. 更新过时内容。随着电子技术的发展,近年来电子测量技术的发展也非常迅猛,随着数字存储示波器的广泛使用,教材中这部分技术内容较为薄弱,修订后增加了基本原理及基本操作方法。

2. 加强新知识以及新技术的内容。合成信号发生器、函数信号发生器在信号发生器中的使用率越来越高,此次修订增强了数字合成技术、函数信号的产生技术等内容。

3. 更正了原教材中的一些错误。

本教材编写者均是长期从事高等职业教育、担任"电子测量与仪器"课程讲授的一线教学骨干和长期从事电子测量工作的企业技术专家。其中,第 1 章由黄燕和林训超编写;第 2 章、附录 1 由黄燕编写;第 3 章、附录 2 由任菊编写;第 4 章、第 6 章由刘惠英编写;第 5 章、第 7 章由唐斌编写;本书中的任务工作单和附录 3 由雷鸣和陈孝波编写。全书由黄燕和林训超担任主编,林训超统稿并撰写前言。电子科技大学通信学院副院长李广军教授于百忙之中审阅了全书。最后,感谢为本教材编写做了大量工作的张春林高级工程师、魏中高级工程师、黄宗磊工程师等企业技术专家。

限于编者水平,书中错漏及不妥之处在所难免,恳请读者批评指正。

编　者

2015 年 7 月

第1版前言

以工作过程导向的课程开发方法和行动导向的教学方法,是当前世界上先进的职业教育课程开发方法之一,也是教育部在高等职业教育质量工程中提倡和在国家示范性高职院校建设项目课程改革中倡导的专业课程开发方法。所谓"工作过程",是指在企业里为完成一项工作任务并取得工作成果而进行的一段完整的工作程序,它是动态的却又是相对稳定的。以工作过程导向,就是以针对岗位群的实际工作过程为主线,串起整个职业教育教学的各个环节和过程,让职业活动的各个元素,渗透和融合在以工作过程导向的教学过程中,渗透和融合在专业课程开发与设计中,从而形成职业化的课程和教学环境。通过这种环境培养出来的学生,浑身都会充满职业的气息,成为企业所需要的高职院校的毕业生。

按照以工作过程导向的课程改革思路,在德国职业教育专家的指导下,成都航空职业技术学院进行了电子信息工程技术专业课程体系的开发和设计,形成了适应中国高职教育的电子信息工程技术专业"1+3"结构专业课程体系,并对这个专业课程体系中的专业核心课程"电子测量与仪器"课程进行了重点开发和建设,本教材就是国家示范性高职院校建设项目以工作过程导向课程改革的成果。

"电子测量与仪器"课程在电子信息工程技术专业"1+3"结构专业课程体系中属于专项能力训练课程,其课程核心目标是使用电子仪器完成电子测量工作任务。本课程的设计思路是贯彻以工作过程导向的课程开发方法和行动导向的教学方法,课程内容选取以实际工程应用中具有典型性的工作项目(任务)为案例,并经过教学加工和重新设计,把必须掌握的理论知识和技能融合在完成项目任务的过程中,并以完成项目任务为课程教学结果。即精选企业使用的典型电子测量任务为载体(频率计、电压表、示波器等仪器为工具),按照从简单到复杂的职业能力训练过程进行教学设计,从简单参数测量到复杂参数测量再到系统参数测量。学习情境和教学单元按照完整工作过程进行教学设计,将体现完整工作过程的各个元素融会于学习情景设计中,并采用任务驱动的一体化的教学方法实施教学。

本教材的构建是以岗位职责需求为目标,适应电子测量与仪器应用发展的需要为出发点,与电子产品测试实际工作过程紧密联系,具有"教材内容实用、实效,理论与实际结合,掌握知识与培养能力并行"的特色。本教材注重培养学生在电子测量技术领域分析问题和解决问题的专项技能;使学生掌握电子测量的基本原理,分析、理解被测对象及其测量要求;选定测量方法并制订测量方案;选择常用的测量仪器或组建测量系统;进行实际的测量操作,采集和处理数据;以便学生在将来所从事的测试技术、计量和微机应用等技术活动中实现三个"正确":正确地构建测量系统,正确地操作测量仪器,正确地进行数据采集、分析和处理。

系列的任务工作单是本教材的特色之一,任务工作单由企业技术专家提供,来源于企业工作一线,充分体现电子测量岗位工作任务完成过程的步骤(咨询、计划、决策、实施、检查、评估)和相关要素(职责、任务、流程、对象、方法、工具、组织等),并经过教育专家的教学加工和重新设计,成为完成教学任务的教学载体。教材中的章节设计贯彻以工作过程导向,围绕项目任务展开教材内容,把必须掌握的理论知识和技能融会在完成测量项目任务的过程中,基本实现了基于工作过程的教材内容的开发。教材中采用项目教学或任务驱动法,使学生在完成测量任务中,学会并掌握工作过程所需要的知识和技能,同时感悟工作过程中的隐性知识,培养学生的各种能力并提高职业素养。

校企合作共同开发"航空电子信号采集系统"综合实训装置,是"电子测量与仪器"课程改革和本教材的另一特色,通过校企共建的专业实训室和共同开发的综合实训装置,将工作现场移植到学校教学中,使教学过程呈现岗位工作要素,即工作现场教学化、教学过程工作化,让学生在教学中感到工作就是学习、学习也就是工作。

本教材的主要内容为:第 1 章电子测量与仪器导论、第 2 章使用电子计数器测量频率与时间参数、第 3 章使用电压表测量电压参数、第 4 章使用示波器测量波形参数、第 5 章使用频率特性测试仪测量频域参数、第 6 章使用逻辑分析仪测量数字参数、第 7 章自动测试系统、附录 1 测量误差与数据处理、附录 2 信号发生器、附录 3 航空电子信号采集系统。

本教材编写者均为长期从事高等职业教育、担任"电子测量与仪器"课程讲授的一线教学骨干和长期从事电子测量工作的企业技术专家。其中,第 1 章由黄燕和林训超编写;第 2 章、附录 1 由黄燕编写;第 3 章、附录 2 由任菊编写;第 4 章、第 6 章由刘惠英编写,第 5 章、第 7 章由唐斌编写;本书中的任务工作单和附录 3 由雷鸣高工和陈孝波工程师编写;全书由黄燕和林训超主编,林训超统稿并撰写前言,电子科技大学通信学院副院长李广军教授于百忙之中审阅全书;最后,感谢为本教材编写做了大量工作的张春林、魏中以及黄宗磊等企业技术专家。

本教材适合高职高专电子信息类各专业学生使用,也可作为电子技术人员的参考书。

由于编者水平有限,错误和不妥之处在所难免,殷切希望广大读者批评指正。

编　者
2009 年 9 月

目 录

第1章　电子测量与仪器导论

　　著名科学家门捷列夫说过"没有测量,就没有科学"。

　　测量与仪器是科学研究中信息获取、处理和显示的重要手段,是人们认识客观世界取得定性或定量信息的基本方法,是信息工程的源头和重要组成部分。电子测量与仪器是指利用电子技术对电量与非电量进行测量的方法与设备。

　　信息技术产业的研究对象及产品是与电子测量紧密联系的。从元器件的生产到电子设备的组装调试,从产品的销售到维护,都离不开电子测量。因此,电子测量与仪器是电子产品开发、生产调试以及维护的重要方法与工具,广泛地应用于科学技术的各个领域,如地质学、医学、机械制造、冶金工业、食品业、航空航天、军事装备等。从某种意义上来说,电子测量技术与仪器的水平是衡量一个国家科技发展和生产技术水平的重要指标之一。

门捷列夫

> 学习目的与要求

　　掌握电子测量、电子测量仪器的基本概念及其内涵;掌握电子测量标准与计量的概念;熟悉电子测量过程中的注意事项,为后续章节的学习打下基础。

1.1　电 子 测 量

　　测量科学的先驱开尔文说:"一个事物如果能够测量,并且能用数字来表达,你对它就有了深刻的了解;但如果不知道如何测量它,且不能用数字表达它,那么你的知识可能就是贫瘠的。"

一、测量的基本概念

　　测量是探求、收集和整理表征事物性质及其相互关系的各种资料与数据的过程,

▼课件
第1章

▼搜索
"两弹一星"元勋陈芳允院士在卫星测控领域的事迹

是人们对客观世界获取定量信息的手段。也就是说,测量是以确定被测对象量值为目的的全部操作。从本质上讲,测量就是将未知量与一个假定已知量进行比较的过程。在测量过程中,人们借助于专门的设备,依据一定的理论,通过实验的方法来确定被测量的量值。例如,图 1-1 所示为人们熟悉的两种测量工具实例。

(a) 天平　　　　　　　(b) 电流表

图 1-1　测量工具实例

使用天平测量的过程是把质量未知的物体放在天平左边的物盘里,把标准砝码放在天平右边的砝码盘里,调整标准砝码直到两边平衡,就可以通过已知标准砝码的质量总和表示物体的质量。使用电流表测量是看指针的指示值能分割出多少个标准单位刻度。所以,被测量的大小,即量值 = 数值×计量单位。没有计量单位的数值是不能作为量值的,也是没有物理意义的。

从上面的测量实例可以得出测量的内涵体现在以下五方面。

测量目的:获取被测对象的定量值;

测量过程:通过实验去认识被测对象的过程;

测量方法:比较;

测量标准:同类已知单位;

测量结果:最终能表示给测量人员。

二、电子测量的基本概念

电子测量是泛指以电子技术为基本手段进行的测量。在电子测量过程中,以电子技术理论为依据,以电子测量仪器和设备为工具,对各种电磁参量进行测量,还可以通过各种传感器对非电量进行测量。图 1-2 所示为电子测量的示意图。

图 1-2　电子测量的示意图

1. 电子测量的基本要素

从图 1-2 中可以得出电子测量的 5 个基本要素,如图 1-3 所示。

被测对象:主要指待测的物理量,如温度、压力、电压、质量和时间等物理量中的相应量值信息。

测量仪器系统:包括量具、测试仪器、测试系统及附件等。

图 1-3　电子测量的基本要素

测量人员：完成整个测量工作，可通过手动测量和自动测量来完成。手动测量指由测量人员直接参与完成；自动测量指测量工作交给智能设备（如计算机等）完成，但测量策略、软件算法、程序编写需由测量人员事先设计好。

电子测量技术：指测量中所采用的原理、方法和技术措施。它需要解决测量所采用的方案及测量结果的分析这两个方面的问题。电子测量的基本技术有：变换、比较、处理和显示。

变换技术包括：量值变换、阻抗变换、频率变换、波形变换、参量变换、能量变换、模数和数模转换；

比较技术包括：电压比较、阻抗比较、频率（时间）比较、相位比较、数字比较；

处理技术包括：模拟运算、数字计算、数字信号处理；

显示技术包括：指针式显示、发光二极管显示、阴极射线显示、液晶显示。

测量环境：指测量过程中，人员、对象和仪器系统所处空间的物理和化学条件的总和。测量环境包括：温度、湿度、力场、电磁场、辐射、化学气雾、粉尘、真菌和相关电磁量（工作电压、源阻抗、负载阻抗、地磁场、雷电等）的数值、范围及其变化。测量环境的影响如图 1-4 所示。

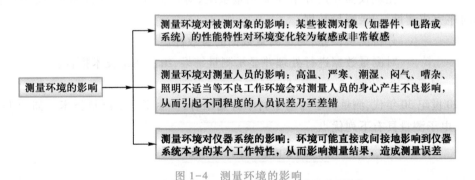

图 1-4　测量环境的影响

2. 测量过程

尽管被测对象千变万化，测量的复杂程度也不同，但是电子测量的典型测量过程基本不变，如图 1-5 所示。

资讯阶段：测量人员接受测量任务，分析测量任务的要求、被测对象的特点、属性。

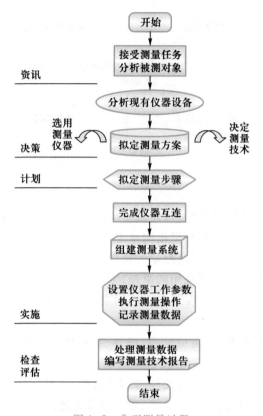

图 1-5   典型测量过程

决策阶段:根据现有仪器设备状况,拟定合理的测量方案,选用测量仪器,决定测量技术。

计划阶段:制定出测量策略(包括测量算法),拟定测量步骤。

实施阶段:完成仪器互连并组建成测量系统,对仪器和系统进行操作,按照逻辑和时序完成测量,记录测量数据。

检查阶段:分析测量误差,确定测量数据的有效性。

评估阶段:对测量数据进行处理并显示测量结果,编制测量技术报告。

3. 电子测量的特点

20 世纪 30 年代,测量科学与电子科学开始结合,产生了电子测量技术。如图 1-6 所示,电子测量具有下列优点。

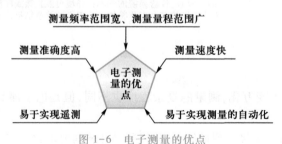

图 1-6   电子测量的优点

（1）测量频率范围宽

电子测量的频率范围极宽,被测信号的频率范围除测量直流外,测量的交流信号低至 10^{-4} Hz 以下,高至 10^{12} Hz 以上。在不同的频率范围内,电子测量所依据的原理、使用的测量仪器、采用的测量方法也各不相同。

（2）测量量程范围广

电子测量的另一个特点是被测对象的量值大小相差悬殊,要求电子测量仪器应具有足够的测量范围。如数字万用表对电压测量由纳伏(nV)级至千伏(kV)级电压,量程达 12 个数量级。

（3）测量准确度高

电子测量的准确度比其他测量方法高得多。例如,用电子测量方法对频率和时间进行测量时,由于采用原子频标和原子秒作为基准,可以使测量准确度达到 10^{-13} 或 10^{-14} 的数量级。这是目前在测量准确度方面达到的最高指标。因此,为了提高测量准确度,人们往往把其他参数转换成频率或时间后再进行测量。

（4）测量速度快

由于电子测量是基于电子运动和电磁波传播的原理进行的,因此,它具有其他测量不能比拟的高速度,这也是它在现代科学技术中得到广泛应用的另一个原因。例如,原子核的裂变过程、航空器和航天器的运行参数等的测量,都需要高速度的电子测量。

（5）易于实现遥测

通过各种类型的传感器,采用有线或无线的传输方式,可以实现对人体不便于接触或无法达到的领域(如深海、地下、卫星、高温炉、核反应堆内等)进行远距离测量,即遥测。

（6）易于实现测量的自动化

由于电子测量的被测量可通过模数转换后与计算机相连接,组成各种自动测试系统,实现自动测量、数据分析和处理。

如今,电子测量不仅应用于电学各专业,还广泛应用于物理学、化学、光学、机械学、材料学、生物学、医学等科学领域,涉及生产、国防、交通、信息技术、贸易、环保乃至日常生活领域各个方面。特别是在信息技术产业中,电子测量的地位尤为重要,从元器件的生产到电子设备的组装调试,从产品的销售到维护都离不开电子测量。如果没有统一和精确的电子测量,就无法对产品的技术指标进行鉴定,也就无法保证产品的质量。

电子测量除了以上的优点之外,也存在测量易受干扰、误差处理较为复杂等缺点。

4. 电子测量的内容

电子测量按具体的电参数对象的类型,可以分为图 1-7 所示基本内容。

5. 电子测量方法的分类

为了实现测量目的,正确选择测量方法是极其重要的,它直接关系到测量工作能否正确进行和测量结果是否有效。由于电子测量对象的广泛性、测量原理和测量方法的多样性,一个测量方案可以纳入不同的分类方法,因而可以赋予不同的名称。以下为电子测量的常见分类方法,如图 1-8 所示。

电能量的测量	电路参数的测量	特性曲线的测量	电信号特征的测量	电子设备性能的测量
各种频率及波形下的电压、电流、功率、电场强度等的测量	电阻、电感、电容、阻抗、品质因数、电子器件参数等的测量	幅频特性曲线、晶体管特性曲线等的测量和显示	信号、频率、周期、时间、相位、调幅度、调频指数、失真度、噪声以及数字信号等的测量	放大倍数、衰减、灵敏度、频率特性、通频带、噪声系数的测量

图 1-7   电子测量的基本内容

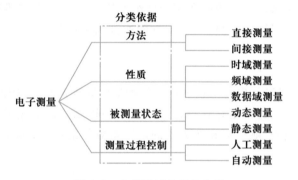

图 1-8   电子测量的常见分类

（1）直接测量与间接测量

直接测量：用已标定的仪器，直接地测量出某一待测未知量的量值。例如，用电压表测量电压，用电子计数器测量频率等。

间接测量：对与未知待测量 y 有确切函数关系的变量 x（或 n 个变量）进行直接测量，然后通过函数表达式 $y = f(x)$ 或 $y = f(x_1, x_2, \cdots, x_n)$，计算出待测量 y。例如，要测电路中已知电阻 R 上消耗的功率 P，先测量加在 R 两端的电压降 U，再根据公式 $P = U^2/R$ 求出 P。

（2）时域测量、频域测量与数据域测量

时域测量：指测量幅值随时间变化的信号，如脉冲、方波及正弦波等。例如，示波器屏幕的横坐标代表时间，纵坐标代表幅值，用示波器能显示被测信号的瞬时波形，从而测量它的幅度、上升沿和下降沿等参数。

频域测量：指测量幅值和相位随频率变化的信号。例如，频谱分析仪屏幕的横坐标代表频率，纵坐标代表幅值，用频谱分析仪来分析被测信号的频谱、测量放大器的幅频特性等。

频域测量和时域测量的比较：频域测量和时域测量是测量线性系统性能的两种方法，是从两个不同的角度去观测同一个被测对象，其结果应该是一致的。时域函数的傅里叶变换就是频域函数，而频域函数的傅里叶逆变换也就是时域函数。

数据域测量:指测量数字系统的功能和故障诊断。例如,逻辑分析仪对数字系统的逻辑状态进行测量,即测量数字信号是"1"还是"0"。

对数字系统进行测量的基本方法是:在系统的输入端加激励信号,观察由此产生的输出响应,并与预期的正确结果进行比较,一致则表示系统正常;不一致则表示系统有故障。

（3）静态测量与动态测量

静态测量:指对不随时间变化的（静止的）物理量进行的测量	动态测量:指对随时间不断变化的物理量进行的测量
静态（直流）测量技术:测量过程不受时间限制,测量系统的输出与输入二者之间有着简单的对应关系和理想特性,测量精度也最高 稳态（交流）测量技术:用正弦规律变化的电信号（最简单的周期性信号）作被测系统的激励,然后观测在此激励下的输出响应,以频率为变量对被测线性系统进行测量。可以测线性系统的稳态参数,包括:系统的阻抗、增益或损耗、相移、群延迟和非线性失真度,以及这些参量随频率变化的情况	动态（脉冲）测量技术:自然界存在大量瞬变冲击的物理现象,如爆炸、冲击、碰撞、放电、闪电和雷击等,对这类随时间瞬变对象进行测量,称为动态测量和瞬态测量 瞬态测量有两种:一种是测量幅值随时间呈非周期性变化（突变、瞬变）的电信号;另一种是以最典型的脉冲或阶跃信号作被测系统的激励,观察系统的输出响应（随时间的变化关系）,即研究被测系统的瞬态特性

除此之外还有一些其他的分类方法,例如,根据被测量与测量结果获取地点的关系,分为本地测量和远地测量;根据对测量精度的要求不同,分为工程测量和精密测量;根据工作频率的不同,分为低频测量、高频测量和微波测量等。

1.2　电子测量仪器

采用电子技术测量电量或非电量的测量装置称为电子测量仪器。它是伴随着信息技术的进步而发展的,由最初的电子管仪器到晶体管仪器,再发展到集成电路仪器;由模拟仪器到数字仪器,再发展到智能仪器。随着计算机技术的发展,还出现了自动测试系统及虚拟仪器。

一、电子测量仪器的分类

电子测量仪器品种繁多,按功能分类可分为专用仪器和通用仪器两大类。专用仪器是为特定目的而专门设计制造的,它只适用于特定的测量对象和测量条件;通用仪器的灵活性好,应用面广,按功能分类如图1-9所示。

信号发生器	·如低频信号发生器、高频信号发生器、脉冲信号发生器、函数信号发生器、合成信号发生器等,用于提供测量所需的各种波形信号
信号分析仪器	·如时域、频域和数据域分析仪,如电压表、示波器、电子计数器、频谱分析仪、逻辑分析仪等,用于观测、分析和记录各种电量的变化
网络特性测量仪器	·如频率特性测试仪、阻抗测试仪、网络分析仪等,用于测量电气网络的频率特性、阻抗特性等
电子元器件测量仪器	·如电路元件(R、L、C)测试仪、晶体管特性图示仪、集成电路测试仪等,用于测量各种电子元器件的电参数或显示元器件的特性曲线等
电波特性测试仪器	·如测试接收机、场强测量仪、干扰测试仪等,用于对电磁场强度、干扰强度等参数进行测量
辅助仪器	·如各种放大器、检波器、衰减器、滤波器、记录仪以及交、直流稳压电源等,用于配合上述各种仪器对信号进行放大、检波、衰减、隔离等

图 1-9   通用电子测量仪器分类

二、电子测量仪器的技术条件

电子测量仪器的技术条件如图 1-10 所示。

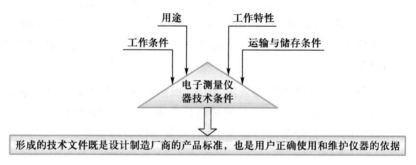

图 1-10   电子测量仪器的技术条件

测量仪器的用途:是指使用仪器的目的,它决定了仪器的功能、仪器的工作条件及工作特性。

测量仪器的工作特性:是指用数值、误差范围等来表征仪器的性能,通常称为技术指标。它分为电气工作特性和一般工作特性两类。以电压表为例,电气工作特性包括量程、误差、工作频率范围、波形响应及输入特性等;一般工作特性包括电源、尺寸、质量、可靠性等。

测量仪器的工作条件:不但包括仪器适应的外界条件,而且还包括仪器的工作状态。分为基准工作条件、额定工作条件两种。基准工作条件是为了进行比较实验和校准实验而对各种影响量和影响特性规定的一组数值。额定工作条件是指测量仪器工作特性有效范围与影响量额定使用范围的总和。在额定工作范围内,仪器应满足规定的性能。

测量仪器的运输与储存条件:是指温度条件、湿度条件、大气压力条件、振动力条件、冲击条件等的总和。在这些条件规定的范围内,仪器在非工作状态条件下运输或储存应不致损坏,当它以后工作在额定条件时,其性能不会降低。

例如,国家计量技术规范《数字多用表校准规范》中,对 A、B、C 三个组别的额定工作条件分别作出规定,见表 1-1。仪表对大气压也有要求,这是因为气压低,空气就稀薄,仪表的散热条件变差,功耗易超出额定值。因此,在高山、高原地区应适当缩短仪表的连续开机时间或采用强迫风冷。

表 1-1　对直流数字电压表额定工作条件的规定

仪 表 组 别	A	B	C
环境温度/℃	5~40	-10~40	-25~55
相对湿度/(%)	20~80	10~90	5~95
大气压/kPa	70.0~106.0	53.3~106.0	53.3~106.0
阳光照射	无直接照射	无直接照射	≤55 ℃[①]
周围空气流速/(m·s⁻¹)	0~0.5	0~0.5	0~5

①:指环境温度与太阳辐射的综合效应不使表面温度超过 55 ℃。

三、电子测量仪器的工作特性

测量仪器的工作特性(技术指标)包括:误差、稳定性、分辨力、有效范围(量程)、测试速率、可靠性等内容。

1. 误差

由于电子测量仪器本身性能不完善所引起的误差,称为电子测量仪器的误差,测量仪器的容许误差可用工作误差、固有误差、影响误差、稳定误差等来描述。

(1) 工作误差

工作误差是指表 1-2 所示的常用额定工作条件下仪器误差的极限值。

> **提　示**
>
> 为保证准确,在仪器出厂前,检验部门必须对误差指标进行检验。在使用仪器期间,必须定期进行校准检定,凡各项误差指标在容许范围内,视为合格。

表 1-2　电子测量仪器的常用额定条件

影 响 量	额定数值或范围		允 许 公 差
环境温度	组别	数值	±10 ℃
	A		±20 ℃
	B	20 ℃	±30 ℃
	C		
相对湿度	组别	范围	
	A	20%~75%	
	B	20%~90%	—
	C	5%~90%	
交流供电电压	220 V		±10%
交流供电频率	50 Hz		±4%

（2）固有误差

固有误差也称基本误差,是指在规定的一组影响量(如表 1-3 所示的基准工作条件)给出的误差。

表 1-3　电子测量仪器的基准工作条件(GB/T 6587—2012)

影　响　量	基准数值或范围
环境温度	(20±2) ℃
环境湿度	(45～75)%RH
大气压	86 kPa～106 kPa
交流供电电压	220×(1±2%) V
交流供电频率	50×(1±1%) Hz
影响量	基准值或范围
外界电磁场干扰	应避免
通风	良好
阳光照射	避免直射
工作位置	按产品标准规定

（3）影响误差

影响误差是用来表明一个影响量对仪器测量误差的影响,例如温度误差、频率误差。它是当一个影响量在其额定使用范围内(或一个影响特性在其有效范围内)取任意一个值,而其他影响量和影响特性均处于基准工作条件时所测得的误差。

（4）稳定误差

稳定误差是指仪器的标称值在其影响量和影响特性保持恒定的情况下,于规定时间内产生的误差极限。

2. 稳定性

在工作条件恒定的情况下,在规定时间内仪器保持其指示值或供给值不变的能力称为仪器的稳定性,稳定性只与时间有关。

3. 分辨力

分辨力是测量仪器可能检测出的被测量最小变化的能力。一般来说,数字式仪器的分辨力是读数装置最后一位的一个数字,模拟式仪器的分辨力是读数装置的最小刻度的一半。

4. 有效范围和动态范围

有效范围是指仪器在满足误差要求的情况下,所能测量的最大值与最小值之差。习惯上称为仪器的量程。

动态范围是仪器在不调整量程挡级和满足误差要求的情况下,容许被测量的最大相对变化范围。

5. 测量速率

测量速率是指单位时间内仪器读取被测量数值的次数。数字式仪器测量速率远高于指针式仪器。随着仪器的自动化,测量速率越来越成为电子测量仪器的重要工作特性。

6. 可靠性

可靠性是指仪器在规定时间内和规定条件下,满足其技术条件、性能的能力。它是反映产品是否耐用的一项综合性质量指标。

四、电子测量仪器的误差表示

1. 以量程的形式

以量程(满度值)的百分数(即满度误差或引用误差)的形式给出仪器的准确度等级(或称精度等级)S。此时仪器误差如下。

$$\text{绝对误差} \qquad \Delta x = \pm \gamma_m x_m = S\% x_m$$

式中,γ_m 为引用误差;x_m 为满度值。

$$\text{相对误差} \qquad \gamma_x = \frac{\Delta x}{x} = \pm \frac{x_m}{x} \gamma_m = \pm \frac{x_m}{x} S\%$$

2. 以读数误差的形式

以读数误差和满度误差的形式给出仪器容许误差或基本误差,此时仪器误差如下。

$$\text{绝对误差} \qquad \Delta x = \pm (a\% x + b\% x_m)$$

$$\text{相对误差} \qquad \gamma_x = \frac{\Delta x}{x} = \pm \left(a\% + b\% \frac{x_m}{x} \right)$$

例如,某型号视频毫伏表的技术指标如下:测量电压在 100 μV ~ 100 V 的范围分为七挡,即 100 μV、1 mV、10 mV、100 mV、1 V、10 V、100 V,其中 10 V 和 100 V 两挡需加 100 : 1 的分压器;频率测量范围为 20 Hz ~ 10 MHz;测量误差如表 1-4 所示。

表 1-4 频率测量误差

频 率 范 围	固 有 误 差	工 作 误 差
1 kHz 基准点	±3%(满度值)	—
20 Hz ~ 1 000 Hz	≤±7%(满度值)	≤±10%(满度值)
1 ~ 10 kHz	≤±4%(满度值)	≤±8%(满度值)
10 kHz ~ 10 MHz	≤±7%(满度值)	≤±12%(满度值)
100 : 1 分压器	≤±4%	≤±10%

当用此毫伏表测量 2 kHz、20 V 的交流电压时(测 20 V 电压要用 100 V 量程挡,需要加分压器),仪器的测量误差为

$$\Delta x_{20} = \pm (10\% \times 20 + 8\% \times 100 \text{ V}) = \pm 10 \text{ V}$$

$$\gamma_{x_{20}} = \Delta x_{20} / x_{20} = \pm 10 \text{ V} / 20 \text{ V} \times 100\% = \pm 50\%$$

五、电子测量仪器的工作信息流程

电子测量仪器将一个客观物理量转换成易于处理的电信号,然后由仪器的各电路完成信号的处理,最终显示出测量结果。**电子测量仪器的工作信息流程如图 1-11**

所示。

（1）**与被测对象相连**：要进行测量，首先应将被测对象连接到仪器的输入端，对于直流或低频测量，可以用导线将被测信号引入仪器的输入端；对于射频或微波信号，应使用同轴电缆或波导连接；对于受分布参数影响的参数应使用测量夹具。

（2）**传感器或激励源**：传感器与被测对象相连，它将物理量转换成相应的电信号。如果被测量是电信号，则不必使用传感器。激励源可以是由信号发生器产生的激励信号，输入到被测件中。

（3）**模拟信号处理和参考信号**：模拟信号处理完成对微弱信号的放大、滤波、信号合成等。有时测量信号是由待测量与参考信号相比较产生的。因此很多仪器都有参考信号，用来提高测量精度。例如，电子计数器内部的标准频率信号就作为比较的标准。

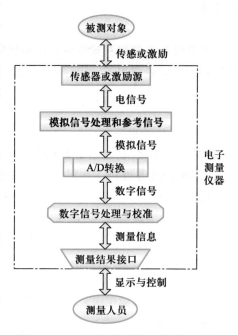

图 1-11   电子测量仪器的工作信息流程

（4）**A/D 转换**：将模拟信号转换成数字信号，便于信号的处理、存储及传输。

（5）**数字信号的处理和校准**：数字信号处理主要包括：提取有用信息、变换数据形式、相关信息综合等。还可对测量数据校准，例如，将输出数据减去测量误差，使测量结果接近真值；对数据进行统计分析，减小随机误差等。

（6）**测量结果接口**：用于测试结果的显示和将测试数据与外部计算机接口。

六、电子测量仪器的发展方向

新的测量技术及新的电子元器件设计和制造技术不断推动着电子测量仪器向前发展。进入 21 世纪，电子测量仪器的总体发展出现了新的趋势，概括起来有以下四方面特点。

1. 电子测量仪器的性能更加优异

仪器的性能更加优异，如测量精度、测试灵敏度、测量的动态范围等都达到了前所未有的高度；同时测量功能也更加强大。例如，Agilent 公司的 PSA 频谱分析仪的测量灵敏度高达-169 dBm（接近物理界热噪声-174 dBm）；DSO80000 系列的示波器，其单一 A/D 芯片具有 20 GSa/s 实时高采样率；MSO 混合信号示波器（2/4 个模拟测量通道+16 个逻辑分析通道）使单台仪器同时具备示波器和逻辑分析仪的功能。

2. 电子测量仪器与计算机技术的融合

仪器和计算机技术之间达到前所未有的融合。首先，越来越多的仪器选用 Windows GUI、标准软件以及 Intel 芯片作为平台，用 Windows 软件代替仪器内部操作软件，并与 MS 办公应用软件连接，充分发挥其效能。例如，Agilent 公司的仪器可用

Word 捕获屏幕图像、用 Excel 绘制波形数据、用 Windows Help 学习仪器操作方法、自由地从互联网下载和升级最新版本的软件;广泛使用触摸屏与语音控制,解决双手同时被占用时操作仪器的问题;通过网络控制仪器操作;另外,仪器内部的 VBA 软件可有效地帮助实现生产过程中的测试自动化。其次,由于计算机技术被大量应用到仪器之中,使得仪器具备了更先进的连通性和更广泛的开放性。例如,Agilent 公司的仪器大都具备 USB 接口、LAN 接口和 GPIB 接口。

3. 电子测量仪器的硬件与测试软件及仿真软件结合

随着计算机的运算速度和处理数据能力的不断增加以及计算机仿真技术的广泛应用,仪器的硬件与测试软件及仿真软件的结合越来越紧密。首先,硬件的模块化设计使得通过不同的硬件模块组合并配以相应的软件,可形成不同功能的仪器和不同的测试解决方案。例如,Agilent 公司的 DAC-J 型宽带示波器 86100C,通过插入不同的模块并配以相应软件,可成为抖动分析仪、宽带示波器、数字通信分析仪、时域反射分析仪。此外,VXI 总线结构的测试仪器也采用模块化结构,可灵活配置和应用。其次,软件无线电的概念已进入了仪器,它利用计算机强大的数学运算和数据处理能力将大量的数字信号处理功能和数据分析功能充分展现在计算机软件之中,以 Agilent ADS 高级设计仿真软件为代表的 EDA 软件,通过与 Agilent 公司测试仪器(如频谱分析仪、网络分析仪、信号源、示波器以及逻辑分析仪等)的动态链接,实现了测量域与仿真域的有机结合。

4. 自动测试系统不断涌现

随着测量仪器功能的不断提高和完善,自动测试系统(ATS)的组建与发展经历了从台式仪器 ATS 系统到卡式仪器 ATS 系统,再到卡式仪器与台式仪器混合的 ATS 系统的过程。VXI 总线结构的仪器与 GPIB 标准的台式仪器相结合组建的 ATS 测试系统已广泛应用。目前,新一代自动测试系统的标准已推出了基于 LAN 的下一代模块化平台标准 LXI,为下一代 ATS 测试系统的革新带来了新的希望。

1.3 电子测量仪器的计量检定

一、计量的定义、分类和特点

1. 计量的定义

随着生产的发展、商品的交换和国际国内的交往,客观上要求对同一量在不同的地方、用不同的测量手段测量时,所得结果应该一致。因而出现了大家公认的统一的单位,体现这些单位的基准、标准和用这些基准、标准来检定测量器具,并用法律形式将上述内容固定下来,就形成了与测量既有联系又有别于测量的另一概念——计量,它是实现单位统一和量值准确可靠的测量。

▼ 搜索
中国度量衡的统一

2. 计量的分类

从学科而论,计量学可分为通用计量学、应用计量学、技术计量学、理论计量学、品质计量学、法制计量学、经济计量学,等等。

从计量对象应用的科学领域又可以把计量分为:几何量(又称长度)、热工、力学、电磁、无线电、时间频率、声学、光学、化学和电离辐射计量,即所谓十大计量。另外,一些新的计量领域,如生物工程、环保工程、宇航工程等计量测试正在逐渐形成。

上述计量领域的划分是相对的,并无严格的规定,如有的将电磁(主要是关于直流和低频电磁量的计量测试)和无线电计量合在一起称为电学计量,也有的将电磁、无线电和时间频率合在一起称为电学计量。实际上,各计量领域不是孤立的,而是彼此联系的,相互影响的。许多实际应用的计量测试问题,往往可能涉及两个甚至更多的计量领域。

3. 计量的特点

作为一般概念上的计量,概括起来具有如下特点:

(1) 准确性

准确性是计量的基本特点,它表征的是计量结果与被计量量的真值的接近程度。严格地说,只有量值,而无准确程度的结果,不是计量结果。也就是说,计量不仅应明确地给出被计量量的值,而且还应给出该量值的误差范围(不确定度),即准确性。否则,量值便不具备明确的社会实用价值。所谓量值的统一,也是指在一定准确范围内的统一。

(2) 一致性

计量单位的统一,是量值统一的重要前提。无论在任何时间、地点,利用任何方法、器具,以及任何人进行计量,只要符合有关计量所要求的条件,计量结果就应在给定的误差范围内一致。否则,计量将失去其社会意义。计量的一致性不仅限于国内,而且适用于国际。

(3) 溯源性

在实际工作中,由于目的和条件的不同,对计量结果的要求也各不相同。但是,为使计量结果准确一致,所有的量值都必须由相同的基准传递而来。换句话说,任何一个计量结果,都能通过连续的比较链与原始的标准器具联系起来,这就是溯源性。"溯源性"是"准确性"和"一致性"的技术归宿,因为任何准确、一致都是相对的,是与当时科学技术的发展水平和人们的认识能力密切相关的。也就是说,"溯源"可以使计量与人们的认识相对统一,从而使计量的"准确"和"一致"得到基本保证。对一个国家而言,所有的量值都应溯源于国家标准;就世界而论,则应溯源于国际标准。

(4) 法制性

计量本身的社会性,要求计量有一定的法制保障。量值的准确和统一,不仅要有一定的技术手段,而且还要有相应的法律和行政手段。只有这样,计量的作用才能充分得到发挥。为此,我国于1985年颁布了国家性的关于计量的法律性文件,即《中华人民共和国计量法》,使计量纳入法制化的轨道,做到有法可依、有章可循。

搜索 ▼
《中华人民共和国计量法》

4. 电子计量技术

由于各部门对被测参数的种类、范围和技术要求不同,并且这些需求日益发展,因而计量测试技术也在不断地向前发展。在现代计量测试技术领域中,电子计量技术占有十分重要的地位,它是电子仪器计量检定的基础。电子计量技术的内容包括:建立电子技术基本参量的标准;保证量值的统一;研究各种精密测量技术与方法。在电子仪器的使用、日常维护和故障检修中,对电子仪器的计量和检定是经常进行的,对电子仪器设备的计量检定,实质上就是对电子仪器设备中的特征电子参量进行计量和检定。

二、电子计量中量值的传递与检定

1. 国际单位制

国际单位制(SI)是在 1960 年第十一届国际计量大会上通过的,目前世界上最先进、科学和实用的单位制。1984 年 2 月国务院颁布了《中华人民共和国法定计量单位》,决定我国法定计量单位以国际单位制为基础。

(1)SI 基本单位

SI 基本单位有 7 个,如表 1-5 所示。

表 1-5　SI 基本单位

量 的 名 称	单 位 名 称	单 位 符 号
长度	米	m
质量	千克(公斤)	kg
时间	秒	s
电流	安[培]	A
热力学温度	开[尔文]	K
物质的量	摩[尔]	mol
发光强度	坎[德拉]	cd

(2)SI 辅助单位

SI 辅助单位有平面角和立体角两个,其单位分别为弧度(rad)和球面度(sr)。

(3)SI 导出单位

SI 导出单位是由 SI 基本单位与辅助单位通过选定的公式而导出的单位,主要有频率、压力、电感、光照度等。

2. 电子计量标准

在电子计量中,哪些是基本的、重要的参量,哪些是导出的或次要的参量,并没有严格的理论根据或一成不变的原则规定,而是随着科学技术的发展和实际工作的需要在不断地发展。它常常是以无线电电子技术中经常遇到,而且需要测量的高频和微波电磁量作为对象,其参量和单位如表 1-6 所示。

在这些参量中,除时间和电流单位是国际单位制基本单位外,其他单位都是导出单位。例如,波导或同轴传输线的特性阻抗单位由长度单位导出;功率、电压、电场强度、磁场强度等的单位都是从国际单位制的基本电学单位直接或间接导出的等。

表 1-6　电子计量的参量和单位

参 量 名 称	单 位	参 量 名 称	单 位
频率	Hz	衰减	无量纲
时间	s	增益	无量纲
波长	m	相移	无量纲
电场强度	$V \cdot m^{-1}$	噪声温度	K
磁场强度	$A \cdot m^{-1}$	噪声系数	无量纲
功率通量密度	$W \cdot m^{-2}$	噪声功率谱密度	$W \cdot Hz^{-1}$
天线增益	无量纲	脉冲响应函数	无量纲
天线效率	无量纲	脉冲上升时间	s
电压	V	复数相对介电常数	无量纲
电流	A	复数相对磁导率	无量纲
功率	W	介质损耗角正切	无量纲
复数阻抗	Ω	失真系数	无量纲
复数导纳	Ω^{-1}	调幅系数	无量纲
复数散射矩阵分量	无量纲	频偏	无量纲
复数反射系数	无量纲	电导率	$\Omega^{-1} \cdot m^{-1}$或$S \cdot m^{-1}$
电压驻波比	无量纲	反射率	无量纲
Q 值（品质因数）	无量纲		

在电子计量的众多参量中，决定某个参量重要性的主要依据是其在实际应用中的重要程度。

（1）电子计量标准的分类

电子计量标准几乎全是导出标准，大体分成三类。

① 基本标准：这类参量可以由质量、长度、时间和温度等几个基本单位计算出来，如截止衰减标准、波导阻抗标准，都是与精确已知的尺寸有关，而热噪声标准则与温度直接有关。按照习惯，通常把电子计量的基本标准分为电压、功率、阻抗和衰减四小类。

② 替代标准：这类参量与基本电学计量标准有关，如微波功率和高频电压采用直流替代原理所建立的标准即属于这一类。

③ 比值标准：它不涉及其他物理量，仅由比值计量而得，如衰减标准中采用的感应分压器、失真和调制度计量标准等。

（2）电子计量中的量值传递

量值传递是指通过对计量器具或电子仪器的检定或校准，将国家基准所复现的计量标准通过各等级计量标准传递到工作点，以保证被测对象量值的准确和一致。

量值传递一般应按国家计量检定系统的规定逐级进行。在量值传递时遵循准确度损失小、可靠性高和简单易行的原则。实现计量标准的量值传递必须具备两个基本条件:一个是要有标准源和校验仪(校准仪器或自动化校准系统);二是有溯源到国家标准的跟踪能力。溯源性表示在测量仪器的性能指标与国家最高标准之间,通过一个紧密联系的比较链结合起来。溯源性可形象地比喻成校准金字塔,其顶点是国家或国际最高标准,然后通过地方或行业计量局、计量站逐级往下传递。由于计量部门的级别不同,所用标准源的技术指标也不同。

(3) 电子测量仪器的检定

电子测量仪器的检定有时也称为电子仪器的校准,是指为评定电子仪器的计量特性,确定其是否符合法定要求所进行的全部工作。校准是一种由国家指定机构进行得非常特别和极高准确度的测量过程。这一测量过程是将被校准的测量仪器与准确度更高的标准仪器进行比较,从而确定或经调试后消除被校仪器的偏差,并对结果提出报告。因此校准也是一种检定仪器准确度的过程。仪器经校准后就获得了由国家标准"传递"给它的被"认可"的准确度,从而提高了该仪器的可靠程度。电子仪器在使用、日常维护中以及维修完成后,都要经常或定期按规定将电子仪器送到相关计量检定单位去检定校准,即送检,从而鉴定电子仪器是否符合规定的技术要求,即该电子仪器能否被有效地使用。

① 检定规程。在实施电子仪器的检定时,应严格按照国家或有关部门规定的相关电子仪器的检定规程来进行。检定规程是检定电子仪器时必须遵守的法定技术文件。所有正式的检定,都必须严格按照有关的检定规程工作。检定规程的内容一般包括:适用范围、电子计量标准的计量特性、检定项目、检定标准测试条件、检定方法、检定所用设备、检定周期、检定数据处理以及附录等。

② 检定方法。这是保证量值传递以及检定数据有效的重要前提。应尽量选择精度损失小、可靠性高而又简单可行的检定方法。具体来讲,检定方法是指检定规程中规定的操作方法和步骤。

③ 校准用的标准源和各类校准仪。这是检定的重要基础。如在电压、电阻的检定中,所用的基本的直流标准源只有两个:标准电池与标准电阻。这两个标准需由国家或国际上保存的伏特基准与欧姆基准来传递量值和进行比对。利用这两个标准可以确定电压与电阻,将二者组合后还可以确定电流。过去标准源与校准仪是分开的,操作烦琐。目前生产的许多校准仪兼有标准源的功能,使工作效率明显提高。校准仪的种类很多,例如,直流电压校准仪、直流电流校准仪、电阻校准仪、交流电压校准仪、交流电流校准仪及热传递校准仪等,同时校准仪正从单一功能向多功能、由手动控制向自动化及智能化校准系统的方向发展。例如,FLUKE 公司生产的 7457A 型自动校准系统,在 MET/CAL 软件支持下,可通过计算机自动完成对仪器的校准,记录并给出检定报告。

④ 检定规程中规定的电子仪器的标准测试条件。这是检定可靠的保证。如检定电子仪器应在标准测试条件下进行。我国的电子测量仪器按国家标准 GB/T 6587—2012《电子测量仪器通用规范》的规定,其基准工作条件见表 1-3。目前各国规定的标准条件不尽相同,对于进口或国内组装的电子仪器,应参照说明书规定的标准条件。

⑤ 检定工作人员。检定工作人员是检定的关键因素,应具备检定工作所需的专业知识和操作技能,必须经有关计量部门考核合格并取得相应的上岗证书后,才能从事计量检定工作。

提 示

电子仪器检定完成后,计量检定机构必须对受检仪器出具检定证书(检定合格证)。它不仅是电子仪器可信的标志,而且是电子仪器可使用的凭证,同时也是调解、仲裁、判决计量检定纠纷案件的法律依据。检定证书是具有法律效力的技术文件,其封面和规格全国统一。它的内容一般包括:检定单位名称、送检单位名称、被检仪器名称、规格、型号、制造厂名、出厂编号、设备编号、检定结论,检定员、核验员、负责人签章,检定单位印章、检定日期、有效日期等。如仪器检定合格,还应将检定证书(用铝箔不干胶材料印制的合格标签)粘贴在仪器上,是证明该仪器合格的标志。其内容包括检定日期、有效日期和检定员的签章。若仪器检定不合格,则由检定机构出具相应的证明文件(检定结果通知书),并注明检定的原始数据和具体的不合格之处。

（4）电子测量仪器计量中的注意事项

① 计量工作是科学和严格的工作,工作中要认真、仔细。

② 应严格按照计量规程办事。

③ 计量中应尽可能选择精度损失小、可靠性高而又简单易行的计量方案。

④ 熟悉《中华人民共和国计量法》和各省(区)及部门的关于计量的制度和规定,将计量工作纳入法制的轨道。

1.4　电子测量过程中的注意事项

一、电子测量仪器的使用注意事项及日常维护

1. 电子测量仪器的使用注意事项

大多数电子测量仪器结构复杂、价格昂贵,使用时应十分爱护,应严格按照规定的技术条件进行操作,并要注意下列事项:

（1）检查

① 外观检查:使用时要对仪器进行外观检查,看是否有损坏或缺少零部件,并应轻轻抖动或倾斜仪器,检查仪器内部有无零件脱落、碰撞。如有上述情况,则不可通电,应先排除故障和隐患。

② 电源检查:输入的交流电压 220 V 要正确。按要求接好相线、中性线、地线。为了保证人身和设备安全,接好地线是很重要的。为了避免引入干扰,一般仪器的地与被测电压源的地应尽可能接近。

③ 使用环境检查:使用环境要符合技术要求,特别是温度和湿度两项条件要严格遵守,不然会造成很大误差,甚至仪器不能使用。

④ 使用量程检查:仪器的量程使用范围、种类要符合要求,特别要注意不要超量程使用,以免损坏仪器。

（2）测量仪器的有效性

测量所用的仪器、仪表,都应经过计量并在有效期内。

（3）测量仪器的布置

① 仪器的布置应便于操作和观察，做到调节方便、舒适、灵活、视差小、不易疲劳，即符合工效学的有关规定。

② 仪器、仪表应统一接地，并与待调试件的地线相连，且接线要最短。

③ 仪器、仪表重叠放置时，应按照"下重上轻"的原则，注意相互影响，确保安全稳定。

（4）使用前的预热、校准

① 为了保证测量精度，应满足测量仪器的使用条件，对于需要预热的仪器，开始使用时应达到规定的预热时间。

② 仪器在通电前要检查机械调零，通电后要进行电调零。

（5）测试线的连接

① 对于高灵敏度的仪表，应使用屏蔽线连接仪器、仪表与被测件。

② 对于高增益、弱信号或高频信号的测量，应注意不要将被测件的输入与输出接线靠近或交叉，以免引起信号的串扰及寄生振荡。

2. 电子测量仪器日常维护

电子测量仪器内部有各种电子元件，它们的性能容易受温度、湿度、电磁场、电源波动等外界环境的影响。若使用不当，会造成仪器各种电性能和参数的不稳定，引起仪器故障，甚至危及人的生命。为了使仪器保持良好的工作状态，保证测量的准确度，延长仪器的使用寿命以及人身安全就必须对电子测量仪器进行日常的维护。

（1）保持清洁

电子测量仪器应配备防尘罩，平时注意防尘。使用仪器时，应去除防尘罩；仪器使用完毕，应切断电源，等充分降温后再套上防尘罩。对仪器外壳灰尘应采用干布清除，禁止使用湿布抹擦，以免潮气侵入或水珠流入机内。清除内部积尘时，可用小型吸尘器、毛刷、吹风机（冷风）等。对仪器散热网孔上的灰尘，应及时清除，防止灰尘堵塞散热孔，避免机温升高而烧坏元器件。

（2）保持干燥和通风

电子测量仪器应放在通风良好、干燥的房间内，禁止把仪器长期搁置在水泥地板上。应经常检查仪器周围是否有潮气源，保持环境干燥。在放置仪器的柜橱里应放干燥剂并定期检查干燥剂是否失效，如发现硅胶结块、发黄等现象，应予以更换。安放电子仪器的室温一般以 20~25 ℃ 为佳，防止阳光直射，远离发热电器或设备。

（3）防腐

应避免酸、碱等有腐蚀性的物质靠近电子测量仪器，更不能用它们来清洗仪器。使用干电池的仪器，应定期检查，以免电池漏液腐蚀仪器内的元器件等，如仪器长期不用，可取出干电池另行存放。

（4）防振动

搬运电子测量仪器时，应轻拿轻放，避免剧烈振动或碰撞。在仪器工作台上，严禁安装电动工具或有剧烈振动的工具、设备。及时更换仪器已损坏的防振橡皮垫脚。

（5）防漏电

大多数的电子测量仪器都使用交流电来供电，因此防止漏电是一项关系到人身安全的重要防护措施。特别是在采用双芯电源插头,而仪器的机壳又没有连接地线的情况下,如果仪器内部电源变压器的一次绕组对机壳严重漏电,则仪器与地面之间就可能有较大的交流电压(100~200 V)存在。这样,当使用者的手接触机壳时,就会感到麻木,甚至发生触电的人身事故。最安全的防漏电措施是采用三芯插头、插座。

（6）定期计量

所有电子测量仪器的技术指标都有时间界限,尤其是仪器大修之后,其性能指标会发生变化。因此,仪器必须定期送计量部门校验,或按使用说明书所给出的技术条件,借助于标准仪器进行校准,以保证测量的精确度。

（7）合理放置

电子测量仪器的指针或显示器应与操作者平视,以减少视差。对经常操作的仪器,应放在便于操作的位置。两台或多台仪器需要重叠放置时,应把质量大、体积大的仪器放在下层。对散热量大、高频大功率的仪器,还要注意其对附近仪器或设备的影响。仪器与被测电路之间的连线原则上应尽可能短,以减少或消除相互影响,避免信号串扰和寄生振荡。

3. 电子测量仪器的工作环境

任何一台测量仪器只有在一定的工作环境下才能正常工作。环境对仪器的工作特性有一定的影响,特别是某些仪器的量程广、频段宽,而且内部的元器件数目甚多,对外界影响相当敏感。错综复杂的影响量所产生的不良效应有时会成为测量的严重问题,所以应采取适当的控制措施,尽量减少由于环境影响而产生的误差。比如,工作环境应尽可能恒温、恒湿、稳压和防振,并采用抗干扰、防噪声的措施,如接地、屏蔽、隔离、滤波等。按照国家标准 GB/T 6587—2012 的规定,电子测量仪器的工作环境分为三组,如表 1-7 所示。

表 1-7　电子测量仪器的工作环境（摘自 GB/T 6587—2012）

Ⅰ组:良好的环境条件,温度 10 ℃~30 ℃,相对湿度 20%~75%(30 ℃),只允许有轻微的振动	高精度计量用仪器
Ⅱ组:一般的环境条件,温度 0 ℃~40 ℃,相对湿度 20%~90%(40 ℃),允许一般的振动和冲击	通用仪器
Ⅲ组:恶劣的环境条件,温度-10 ℃~50 ℃,相对湿度 5%~90%(50 ℃),允许频繁的搬动和运输中受到较大的冲击和振动	野外、机载等仪器

二、电子测量中的静电防护

知识库

1. 什么是静电? 静电是如何产生的?
2. 静电敏感符号及警示标志是什么?
3. 静电防护操作的常规工艺规程要求是什么?

在自然状态下,物质原子中的正、负电荷总是相等的,物质处于电平衡的中性状态,即不带电。在某种条件下,当物质原子中的电平衡状态被打破,丢失或获得电子,物质即由电中性变为了带电状态。按照物质所带电荷的存在与变化状态可分为动电现象和静电现象。

如果物质所带电荷处于静止或缓慢变化的相对稳定状态,则称为静电。物体间的摩擦、电场感应、介质极化、带电微粒附着等都有可能导致静电,静电在其周围形成电场。两个具有不同静电电位的物体,由于直接接触或静电场感应引起两物体间的静电电荷的转移,当静电电场的能量达到一定程度后,击穿其间介质而进行放电的现象就是静电放电。对静电放电敏感的器件称为静电敏感器件。

静电敏感符号表示如下:

ESD——electrostatic discharge　静电放电

ESDS——electrostatic discharge sensitive　静电放电敏感

图 1-12　静电敏感警示标志

静电敏感警示标志如图 1-12 所示。

1. 电子产品生产场、测试场所的主要静电荷源

在日常生产、生活中,绝大多数静电荷源基本上是绝缘体或处于与地面绝缘状态的物体。生产、测试场所的主要静电荷源如表 1-8 所示。

表 1-8　静 电 荷 源

物体或工艺加工	材料和活动	物体或工艺加工	材料和活动
工作表面	1. 封蜡、涂漆或浸漆表面 2. 普通乙烯树脂或塑料	组装、清洗、测试和维修区	1. 喷雾清洗器 2. 普通塑料焊料吸管 3. 带有不接地焊头的烙铁 4. 溶剂刷子 5. 用液化或蒸发来清洗或干燥 6. 烘箱 7. 低温喷雾 8. 热吹风机 9. 喷砂 10. 静电复印 11. 阴极射线管(示波器或显示器)
地板	1. 密封用混凝土 2. 打蜡抛光木板 3. 普通乙烯树脂基砖或薄板		
工作服	1. 普通洁净工作服 2. 普通合成料服装 3. 非导电工作鞋 4. 纯棉工作服(湿度小于30%时,棉制品被认为是静电源)		
椅子	1. 普通油漆木椅 2. 乙烯基或玻璃纤维椅		
包装和操作	1. 普通塑料袋、罩、封皮,胶带,橡胶等 2. 普通泡沫容器、泡沫材料 3. 普通塑料托盘、塑料转运盒、瓶、元器件存储盒 4. 拉伸和收缩薄膜包装操作		

2. 静电对电子元器件的危害

电子元器件按其种类不同,受静电破坏的程度也不一样,但是最低 100 V 的静电电压也会对其造成破坏。近年来随着电子元器件发展趋于集成化,因此要求相应的静电电压也在不断减弱。人体平常所感应的静电电压在 2 kV~4 kV 以上,通常是由于人体的轻微动作或与绝缘物的摩擦而引起的。也就是说,倘若日常生活中所带的静电与元器件接触,那么几乎所有的元器件都将被破坏,因而,这种危险存在于任何没有采取静电防护措施的工作环境中。例如,在制造工序当中,组装、运输与测试等过程中。

静电对电子元器件有以下影响:

① 静电吸附灰尘,改变线路间的阻抗,影响产品的功能与寿命。

② 因瞬间的电场或电流产生的热,使元件受伤仍能工作,但寿命受损。

③ 因电场或电流破坏元件的绝缘,使元件不能工作(完全破坏)。

3. 静电防护操作的常规工艺规程要求

① 防静电工作台不允许放塑料、橡胶、泡沫、纸板、合成材料、玻璃等容易产生静电的杂物。

延伸学习 ▼
怎样学习本课程

② 一般应控制环境湿度在 50% 以上,禁止在湿度小于 30% 时操作静电敏感元器件。

③ 所有静电敏感产品的加工、检测、包装都必须在防静电工作区的防静电工作台上进行,静电敏感产品存储、出、入库房,必须在静电防护包装条件下进行。

④ 静电敏感产品的包装件上应有警示标志。

⑤ 操作人员应穿防静电工作服、鞋,必须戴防静电腕带,腕带必须与皮肤直接接触并介入防静电接地系统。

延伸学习 ▼
航空电子信号采集系统简介

⑥ 在任何场合均不允许未加防护的人员接触静电敏感元器件,手拿静电敏感元器件时,应避免触及其引线和接线片。

⑦ 焊接设备及成形工装设备都必须接地,焊接工具使用内热式电烙铁,接地要良好,接地电阻要小;装联主机板不得使用普通电动起子。

⑧ 电源供电系统要改装用变压器进行隔离,地线要可靠,防止悬浮地线,接地电阻小于 10 Ω。

⑨ 产品测试时,在电源接通的情况下,不能随意插拔器件,必须在关掉电源的情况下插拔。

微课 ▼
航空电子信号采集系统简介视频

⑩ 调试、测量、检验时所用的低阻仪器、设备(如信号、电桥等)应在静电敏感型器件接上电源后,方可接到静电敏感型器件的输入端。

⑪ 在静电敏感型测试仪器生产线上,应严格使用静电电位测试仪监视静电电位的变化情况,以便及时采取静电消除措施。

⑫ 用刷子清洁静电敏感产品时,只能用天然毛刷并用离子风消除静电。

本章小结

1. 测量是通过比较的方法,对被测对象取得定量信息(即量值)的实验过程,是人类获取信息的基本手段,是认识客观世界的主要工具。

2. 测量任务确定后,应根据测量的特点、测量所要求的准确度、测量环境条件及现有的测量设备,选择正确的测量方法和合适的测量仪器,依照测量流程完成测量。

3. 电子测量仪器按功能分为专用仪器和通用仪器,本书主要介绍利用通用电子测量仪器完成测量任务。

4. 电子测量仪器的技术条件包括测量仪器的用途、工作特性、工作条件,以及运输、储存条件。

5. 计量是为了保证量值的统一和准确一致的一种测量。本章介绍了电子测量仪器的检定计量知识。

6. 强调电子测量过程中的一些常识,如测量仪器的维护、静电防护知识等,为后续章节的学习打下基础。

频率在所有的物理量测量中是复制得最精确、保持得最稳定、测量得最准确的一个物理量。近年来,随着铯束管原子钟、氢原子钟以及铷泡原子钟等高准确度、高稳定度频率信号源的发展,使得频率信号的精度可以做得更高,因而许多物理量的测量都可转换为频率与时间的测量。因此,在电子信息技术领域,频率与时间的测量有着非常重要的地位。常用的频率测量方法可以分为直接法测量、比较法测量和电子计数器测量三大类。利用电子计数器进行频率测量,具有精度高、速度快、使用简便等优点,因而得到了广泛应用。

学习目的与要求

通过完成测试任务,掌握电子计数器的工作原理、技术指标,合理选择电子计数器;掌握电子计数器的测量功能及减小电子计数器测量误差的方法,正确选择仪器测量功能;熟悉电子计数器的按钮分布及使用方法,运用电子计数器完成对时间和频率参数的测量。

课件 ▼
第 2 章

测量任务 ▼
完成航空电子信号采集系统时钟频率测量

延伸学习 ▼
测量频率的常用方法

学习引导问题 ▼
1. 为什么电子计数器有很高的测量准确度?
2. 目前常用的时间频率标准有几类?

2.1 概　述

一、时间与频率的标准

时间与频率基准的准确度是所有计量基准中最高的一种,也是复制得最精确、保持得最稳定的物理量。由于频率和时间互为倒数,因此其标准具有一致性。其标准分为天文时标及原子时标。

1. 天文时标

早期的时间与频率标准是基于太阳系内天体的运动规律,以地球自转周期的 $1/86\,400$ 作为 1 秒(s),称为世界时,其准确度在 1×10^{-6} 量级。经过改正地轴运动的影响和逐年及季节性的变化后,世界时的准确度可提高至 1×10^{-8} 量级。在 1960 年第 11 届国际计量大会上定义了"秒"的标准,它是以国际天文学会定义的 1900 年 1 月 1

日 0 时为参考点,以地球绕太阳公转周期 1 年的 31 556 925.974 7 分之一为 1 秒,也称为历书时,准确度达 $1×10^{-9}$。

这种宏观的计时标准需要庞杂的天文设备,同时操作麻烦,观测周期长,因而准确度有限。为了寻求更加稳定、又能迅速测定的时间标准,引进了微观计时标准。

2. 原子时标

它是利用原子从某种能量状态跃迁到另一种能量状态时,所辐射或吸收的电磁波的频率作为标准时间来计量的。

能量 E 与频率 f 之间存在如下量子关系

$$E = hf \qquad (2-1)$$

式中,$h = 6.626×10^{-34}$ J·s,为普朗克常数。

当原子在 E_2、E_1 两个能级之间跃迁时,就会吸收或释放出一定频率的电磁振荡能量,其频率大小为

$$f = \frac{E_2 - E_1}{h} \qquad (2-2)$$

由于能级数值是高度准确的,因而所发出的频率也是十分准确的。

1967 年 10 月,第 13 届国际计量大会正式通过了秒的新定义:"秒是 Cs133 原子基态的两个超精细结构能级之间跃迁频率相应的射线束持续 9 192 631 770 个周期的时间"。准确度提高了 4～5 个量级,达到 $5×10^{-14}$(相当于 62 万年 ±1 秒),并仍在提高。

目前,常用于原子时标的原子是氢、铯和铷。其中铯原子时标的准确度和再现性都很好,准确度达 $5×10^{-14}$,可用于时间、频率标准的发布和比对。

3. 石英晶体振荡器

石英晶体的压电效应使其输出的频率具有很高的稳定性,它的振荡频率受外界因素的影响也较小,采用了高品质因数的石英晶体和精密的恒温设备后,高精度石英晶体振荡器的老化率可达 $3×10^{-10}$/d,短期稳定性可达 $1×10^{-11}$/s。目前,石英晶体振荡器已应用于很多电子设备,如电子计数器、频率合成器、发射机等,提供它们的工作时间频率基准。图 2-1 为常用的三类晶振。

在制造和使用石英晶体振荡器期间,可根据需要对精度进行校准。

> 校准的常用方法有:两台频率源直接比对;与无线电台发布标准频率和时间信号进行对比

二、时间与频率的数字转换原理

电子计数器主要测量时间和频率参数,其数字化的基本工作原理是:首先将时间或频率这个模拟量进行数字量转换(A/D 转换),然后对转换后的数字量(通常以脉冲个数表示)进行计数,最后把结果用数字直接显示出来。

1. 时间-数字转换原理

把被转换的时间 T_x 与作为量化单位的标准时间间隔 t_0 进行比较,取其整量化数字 N,即

$$N = \left[\frac{T_x}{t_0} \right] \pm 1 \qquad (2-3)$$

▼ 微课
电子计数器的时间频率标准

▼ 搜索
我国历法的发展过程和国际上时间频率测量的发展历程

▼ 学习引导问题
1. 与门的工作原理是什么?
2. 时间的数字转换是怎样完成的?
3. 频率的数字转换是怎样完成的?
4. 比较两种转换中,加在与门两端的信号分别是什么?
5. 转换中,量化误差是怎样产生的?

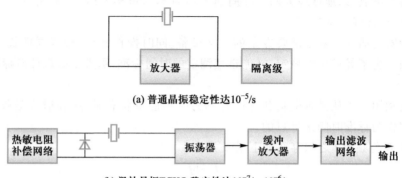

(a) 普通晶振稳定性达10^{-5}/s

(b) 温补晶振TCXO 稳定性达10^{-7}/s~10^{-6}/s

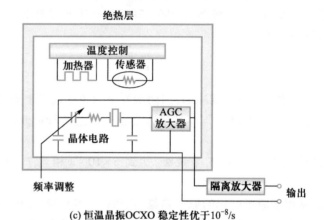

(c) 恒温晶振OCXO 稳定性优于10^{-8}/s

图 2-1　常用的三类晶振

式中，±1 为量化误差。

比较过程常用一个**与门**电路来实现，其工作原理如图 2-2 所示。

与门有两个输入端 A、B 和一个输出端 C。若在 A 端加上标准时间间隔 T_0 作为时标信号，在 B 端加上被转换的时间信号 T_x 作为闸门信号（或门控信号）。当闸门信号为零（低电平）时，**与门**关闭，输入的时标脉冲信号不能通过**与门**输出，计数器则不计数；当闸门信号不为零（高电平）时，**与门**打开，要计数的时标脉冲信号通过**与门**输出，计数器就开始计数，C 端输出 N 个时标脉冲信号，计数器则计得数字量为 N。

图 2-2　时间–数字转换原理图

2. 频率–数字转换原理

把被转换的频率 f_x 与标准频率 F_0 进行比较，取其整量化数字 N，即

$$N = \left[\frac{f_x}{F_0} \right] \pm 1 \qquad\qquad (2\text{-}4)$$

式中,±1 为量化误差。

比较过程同样可以用**与**门电路来实现,只需在图 2-2 中的 A 端加上被转换的频率 f_x 作为时标信号,在 B 端加上标准频率 F_0,把其对应的标准时间间隔 T_0 作为闸门信号,则 C 端输出数字量为 N。

由此可见,时间或频率数字转换原理的实质是一种<u>比较测量</u>,即将被测时间或频率与量化单位的标准时间或频率进行比较,其结果用整量化的数字形式表示出来。换言之,这种比较测量原理的核心是门控计数测量,是将需要累加计数的信号,由一个"闸门"来控制,并由一个"门控"信号来控制闸门的开启(计数允许)与关闭(计数停止)。测量频率时,闸门开启时间称为"闸门时间",是一标准时间,计数信号是待测的频率信号;测量时间(间隔)时,闸门开启时间即为被测时间,计数信号是时标信号。

想 — 想
时间频率的数字转换可否用或门来实现?如果可以的话,转换的原理是怎样的?

3. 量化误差

将模拟量转换为数字量时所产生的误差称为量化误差,其大小为 ±1 个数字。时间或频率的数字转换过程中,量化误差是由闸门信号起始时刻与量化的脉冲信号之间不同步而引起的,使得在同样闸门时间内,计数电路可能多计一个或少计一个数字,从而造成计数值 N 会产生 ±1 个数字的量化误差,如图 2-3 所示。

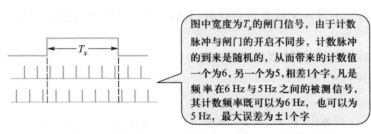

图中宽度为 T_x 的闸门信号,由于计数脉冲与闸门的开启不同步,计数脉冲的到来是随机的,从而带来的计数值一个为6,另一个为5,相差1个字。凡是频率在6 Hz 与5 Hz 之间的被测信号,其计数频率既可以为6 Hz,也可以为5 Hz,最大误差为 ±1个字。

图 2-3　量化误差的形成

▼ 练习
1. 为什么说时间或频率的数字转换原理的实质是一种比较测量?
2. 量化误差是怎样产生的,大小是多少?
3. 比较两种转换过程中,加在与门两端的信号分别是什么?

2.2　电子计数器

一、电子计数器基本结构

根据时间或频率的数字转换原理,组成一个电子计数器应当包含五个主要部分,如图 2-4 所示。

1. 输入电路

输入电路又称为输入通道,一般包含 2~3 个通道,目的是将被测信号,如正弦波、三角波、锯齿波等波形放大并整形为脉冲信号,其重复频率等于被测信号的频率。其中通道 A 用于传输被计数的信号,通道 B、C 用于传输控制主门打开的闸门信号。

2. 主门电路

主门电路就是一个可控制的**与**门电路,要计数的脉冲信号加到一个输入端,闸门

▼ 微课
电子计数器基本结构

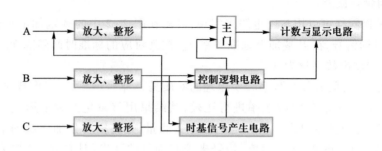

图 2-4　电子计数器结构方框图

信号加到另一个输入端,利用主门的"打开"与"关闭"可产生多种测量功能。

3. 时基信号产生电路

时标信号 t_0 和闸门信号 T_0 是由时基电路产生的。它有两个要求:足够的准确度与稳定度和多值性,即要求有多种时标信号 t_0 和闸门信号 T_0 与输入量相比较。电子计数器中常用石英晶体振荡器来获得足够的准确度与稳定度的时间标准信号,再采用多个分频器和倍频器得到多个标准时间信号。

> **提 示**
> 计数用的时标信号有 1 μs、10 μs、0.1 ms、1 ms 等;闸门信号有 1 ms、10 ms、0.1 s、1 s、10 s 等。

4. 计数与显示电路

对主门输出的脉冲个数 N 进行计数,并以十进制计数方式显示出来。

5. 控制逻辑电路

产生各种控制信号,协调各部件电路的工作,使计数器按照人们编排的工作程序进行工作,如图 2-5 所示。

图 2-5　工作程序图

二、电子计数器的分类

电子计数器的功能很多,归纳起来主要有三大功能:测频率、测时间和计数。按照功能的不同,电子计数器可以分为四大类。

(1)通用计数器:具有多种测量功能的计数器,测频率、测周期、测多周期平均、测频率比、测时间间隔、测任意时间间隔内的脉冲个数以及累加计数功能。

(2)频率计数器:只具有测量频率单一功能的计数器,但它测频范围很宽。如 Marconi 公司的 2240 型微波频率计数器的测频范围达 10 Hz～20 GHz。

(3)时间间隔计数器:以测量时间间隔为基础的计数器,用来测量两个电信号之间的时间间隔,也可以测量一个周期信号的周期、脉冲宽度、占空系数、上升时间和下降时间。

(4)特种计数器:是指具有特种功能的计数器。包括可逆计数器、预置计数器、序列计数器以及差值计数器等。

按照直接计数的最高频率,电子计数器可以分为四类:

（1）低速计数器

最高计数频率小于 10 MHz。

（2）中速计数器

最高计数频率范围为 10 MHz~100 MHz。

（3）高速计数器

最高计数频率大于 100 MHz。

（4）微波计数器

计数频率范围为 1 GHz~80 GHz 或更高。

三、电子计数器技术指标

1. 测量功能

测量功能是指该仪器所具备的全部测试功能。一般具有测量频率、测量周期、测量频率比、测量时间间隔、累计脉冲个数以及自校等功能。

2. 测量范围

测量范围是指测量的有效范围。对于不同的测量功能,测量范围的含义也不同。测量频率时,常用频率的上限值和下限值来表示测量范围;测量周期时,常用周期的最大值和最小值表示测量范围。例如,E312A 型通用计数器的测量频率范围是 10 Hz~10 MHz,测量周期的范围是 0.4 μs~10 s。

3. 测量准确度

常用测量误差表示测量准确度,可达 10^{-9}。

4. 石英晶体振荡器的频率稳定度

石英晶体振荡器是仪器的重要组成部分,其频率稳定度是影响测量准确度的重要因素。一般要求它的准确度要高于所要测量的量的准确度一个数量级(10 倍)。其输出的频率一般为 1 MHz、2.5 MHz、5 MHz、10 MHz 等,常用日稳定度表示,一般为 $1×10^{-9}/d$~$1×10^{-5}/d$。

5. 输入特性

电子计数器通常备有 2~3 个输入端,信号经通道进入仪器。输入特性通常标明电子计数器与被测信号源相连的一组特性参数,包含以下几项:

（1）输入灵敏度

输入灵敏度一般用能使仪器正常工作的最小输入电压来表示,通用电子计数器的灵敏度一般在 10~100 mV 内。

为了测量微波频率,计数器应在测量频率点上有足够的灵敏度。目前有些仪器的实际性能优于说明书给出的指标。

（2）最大输入电压

最大输入电压是指仪器所能允许的最大输入电压。当超过这个电压,仪器将不能正常工作,甚至会损坏。

（3）输入耦合方式

常有 AC、DC 两种耦合方式。DC 耦合适合低频脉冲或随机脉冲信号的测量。

▼学习引导问题

电子计数器有哪些重要的技术指标?

> **提示**
>
> 测量用电子计数器的准确度选择:测量仪器的准确度取决于时基,大多数仪器使用的 10 MHz 参考振荡器,具有 10^{-7} 或 10^{-8} 的频率准确度。为了提高仪器的测量准确度和稳定度,可购买一个具有小型恒温槽的参考振荡器作为时间基准,这样可以达到 10^{-10} 或 10^{-12} 的频率准确度。

（4）触发斜率选择和触发电平调节

触发斜率分为"＋"和"−"，用以选择被测信号的上升沿或下降沿来触发。触发电平调节决定了被测信号的触发点。

（5）输入阻抗

输入阻抗常分为高阻（1 MΩ//25 pF）和低阻（50 Ω）两种。

6. 闸门时间（门控时间）和时标

标明仪器的信号源可以提供的闸门时间（门控时间）和时标有几种。一般闸门时间（测频率）有 1 ms、10 ms、100 ms、1 s、10 s；时标（测周期）有 10 ns、100 ns、1 ms、10 ms。

7. 显示及工作方式

一般标明显示位数、显示器件以及一次测量完毕的显示持续时间。通常还说明是"记忆"显示方式还是"不记忆"显示方式。记忆显示方式是指只显示一次测量的结果，并将这一结果持续显示到下一次测量结束；不记忆显示方式是指测量时的计数过程可随时显示出来。

8. 输出

输出是指仪器可以直接输出的时标信号的种类和测量结果如何编码输出。

四、电子计数器测量功能

电子计数器的组成原理框图如图 2-6 所示。

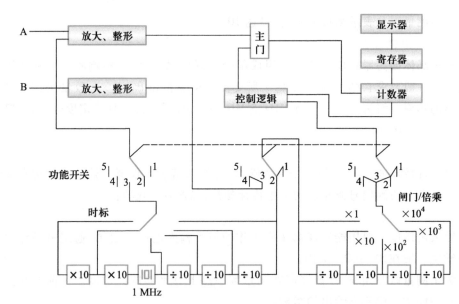

图 2-6　电子计数器的组成原理框图

当功能开关接到不同的挡位时，接入主门的计数信号及闸门信号不同，被计数的信号（通常从通道 A 输入）称为计数端；控制闸门开启的信号通道（通常从通道 B、C 输入）称为控制端，由此产生不同的测量功能，如表 2-1 所示。

学习引导问题 ▼

1. 电子计数器的主要测量功能有哪些？

2. 针对不同的测量功能，加在主门计数端和控制端的信号是什么？计数结果是多少？画出测量功能框图。

3. 闸门时间不同，有效数字的位数怎样确定？

4. 单线时间间隔测量与双线时间间隔测量有什么区别？

表 2-1 测量功能与计数结果

序号	测量功能	计数端信号	控制端信号	计数结果
1	自检	时标 t_0	闸门时间 T_0	$N=T_0/t_0$
2	测量频率（A）	待测频率 f_x	闸门时间 T_0	$N=f_xT_0$
3	测量周期（B）	时标 t_0	待测周期 T_x	$N=T_x/t_0$
4	测量频率比（A/B）	待测频率 f_A	待测频率 f_B	$N=f_A/f_B$
5	测量时间间隔（B-C）	时标 t_0	待测时间间隔 t_{B-C}	$N=t_{B-C}/t_0$
6	测量外控时间间隔（A/B-C）	外输入 t_A	待测时间间隔 t_{B-C}	$N=t_{B-C}/t_A$
7	计数（A）	待测 N_x	手控或遥控	$N=N_x$
8	计时（s）	时钟信号	手控或遥控	$N(s)$

1. 测量频率功能

根据频率的定义，周期信号的频率是指在单位时间（1 s）内，信号周期变化的次数。如果在规定的时间间隔 T_0 内，信号重复的次数为 N，则被测信号的频率为

$$f_x = \frac{N}{T_0} \qquad (2-5)$$

> 例如，时间间隔 $T_0=1$ s，测得信号重复的次数 $N=1\ 000$，则被测信号的频率为 $f_x=1\ 000$ Hz

电子计数器测量频率的方法是根据频率的基本定义来进行测量的，当功能开关置于"2"时，其原理框图如图 2-7 所示。被测信号 f_x 送入通道 A，经通道放大、整形，形成的计数脉冲加至主门的计数端，选择适当的分频器所产生的闸门时间 T_0，即可得到计数值 N。

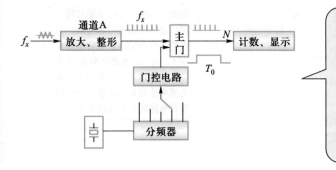

> 对于同一被测信号，如果选择不同的闸门时间，则计数值 N 是不同的。例如，被测信号 $f_x=1\ 000\ 000$ Hz，当闸门时间 $T_0=1$ s时，测得 $N=1\ 000\ 000$，若显示器的单位采用kHz，则显示 $1\ 000.000$ kHz；当闸门时间 $T_0=0.1$s时，测得 $N=100\ 000$，则显示 $1\ 000.00$ kHz；当闸门时间 $T_0=10$s时，测得 $N=10\ 000\ 000$，则显示 $1\ 000.000\ 0$ kHz

> **提 示**
> 显示结果的有效数字末位的意义在于它表示了频率测量的分辨力。

图 2-7 测量频率原理框图

2. 测量周期功能

当功能开关置于"3"时，测量周期原理框图如图 2-8 所示。被测周期信号 T_x 送

入通道 B,经通道放大、整形,形成的控制主门打开的控制端信号,即闸门信号,选择适当的时标信号 t_0,在周期 T_x 的时间内对时标信号 t_0 计数,其计数结果为 N,则被测周期为

$$T_x = Nt_0 \tag{2-6}$$

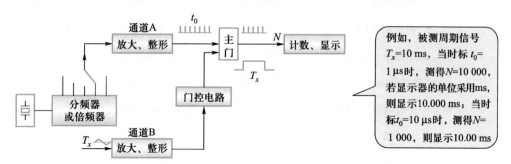

图 2-8　测量周期原理框图

提　示

　　显示结果的有效数字末位的意义在于它表示了周期测量的分辨力。

　　如果被测信号的周期较短,而频率较高时,则还可以采用测量多周期的方法来提高测量精度。多周期测量中,只需在通道 B 和门控电路之间插入一个 n 级 10 分频器,就把一个被测周期扩展成 10^n 个周期,即把开关门的时间扩展 10^n 倍,这个 10^n 倍被称为周期倍乘率。由此,多周期测量法测出的结果实际上是多个被测周期的平均值,即

$$T_x = \frac{Nt_0}{10^n} \tag{2-7}$$

周期倍乘率通常有 ×1、×10、×10^2、×10^3、×10^4 等。

> 例如,周期倍乘率为 ×10,则计数值扩大了 10 倍,所得到的测量结果,需将计数值 N 缩小 10 倍(小数点左移 1 位)即可

---

3. 测量频率比功能

　　频率比是指通道 A、B 两路信号的频率之比,当功能开关置于"4"时,其原理框图如图 2-9 所示。

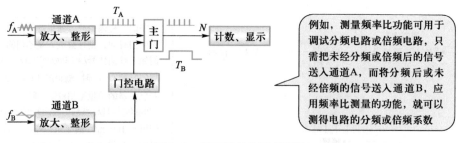

> 例如,测量频率比功能可用于调试分频电路或倍频电路,只需把未经分频或倍频后的信号送入通道 A,而将分频后或未经倍频的信号送入通道 B,应用频率比测量的功能,就可以测得电路的分频或倍频系数

提　示

进行频率比测量时需注意 $f_A > f_B$。

图 2-9　测量频率比原理框图

　　测量频率比的实质是:通道 B 信号的一个周期作为闸门时间来控制主门的开关,计数所通过的频率为 f_A 的通道 A 信号的周期个数,即

$$N = \frac{T_B}{T_A} = \frac{f_A}{f_B} \tag{2-8}$$

与测量周期一样,为了提高频率比的测量精度,也可扩大被测信号 B 的周期数。如果周期倍乘率放在 $\times 10^n$ 上,测出

$$N = \frac{10^n f_A}{f_B} \qquad (2\text{-}9)$$

例如,以通道 B 信号的 100 个周期作为闸门信号,则计数值扩大了 100 倍,相应的测量精度也就提高了 100 倍。实际结果是将计数值小数点左移 2 位

4. 测量时间间隔功能

时间间隔是指事件从某一时刻发生到另一时刻结束,该事件持续了多久。因此,两个时刻点通常由两个事件确定。例如,一个周期信号中的两个同相位点之间的时间间隔;同一信号波形上两个不同点之间的时间间隔;两个信号波形上的两点之间的时间间隔;手动起动、停止之间的时间间隔等。

测量时间间隔的原理框图如图 2-10 所示。测量通道 B、C 两路信号间的时间间隔是分别由这两路信号控制门控双稳电路,其中通道 B 信号作为起动信号,它到来时打开主门,通道 A 送入时标脉冲,通道 C 信号作为停止信号,它到来时关闭主门,从而得到这一时间间隔的计数值 N。则被测时间间隔为

$$t_{B\text{-}C} = N t_0 \qquad (2\text{-}10)$$

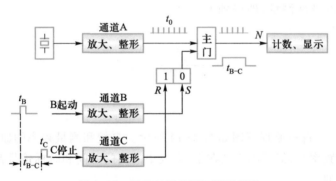

图 2-10 测量时间间隔的原理框图

想 一 想
怎样测量两个信号不同沿之间的时间间隔?

通道 B、C 内分别装有极性选择和电平调节开关。可以选择两个输入信号的上升沿和下降沿以及沿上某电平点作为时间间隔的起始点和终点,因而可以测量两个输入信号上任意两点之间的时间间隔,如图 2-11 所示。

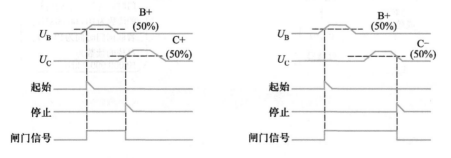

图 2-11 两个信号不同沿之间的时间间隔

想 一 想
怎样测量一个输入信号的任意两点之间的时间间隔,例如测量脉宽?

想 一 想

图 2-12(b)
(c)(d) 分别是
测量脉冲信号的
什么参数?

练习 ▼

1. 为什么说电子计数器"测频"的工作原理实际上是一种比较测量法?当闸门时间变化时,为什么面板上小数点要变化?有何规律?

2. 周期倍乘率的工作原理是什么?为什么要倍乘?

3. 为什么自校功能可以起到检查计数器的工作是否正常的作用?显示的数字是什么信号?

4. 已知被测信号的周期为 100 μs,计数值为 100 000,时标信号频率为 1 MHz,若采用同一周期倍乘和同一时标信号去测另一未知信号,已知计数值为 20 000,求未知信号的周期。

学中做 ▼

计划测量方案与步骤,填写时钟电路测量计划工作单

延伸学习 ▼

一种通用电子计数器使用说明

延伸学习 ▼

电子计数器操作规程

如图 2-12(a)所示,则应把该信号分别送入通道 B、C,再分别选取通道 B 的触发极性为"+",通道 C 的触发极性为"−"。

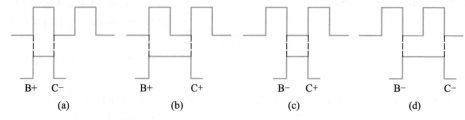

图 2-12　脉冲宽度的测量

应用扩展:相位差的测量可通过对两个信号的时间间隔的测量,从而间接地测量出两个同频率信号之间的相位差,如图 2-13 所示。

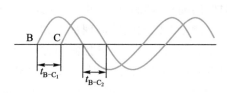

图 2-13　相位差测量原理

分别由通道 B、C 输入信号,并选择相同的触发极性和触发电平。为减小测量误差,分别取 +、− 触发极性测量,即得到 t_{B-C_1}、t_{B-C_2},再取平均值,则

$$\varphi = \frac{t_{B-C_1} + t_{B-C_2}}{2T} \times 360° \tag{2-11}$$

5. 自校功能

自校是电子计数器对仪器基准信号源进行测量的一种功能,用以检查自身的逻辑功能是否正常,自校原理框图如图 2-14 所示。自校和测量频率的原理相同,计数器的读数也为频率数,但不同之处在于,自校中的闸门时间和时标信号都是由石英晶体振荡器产生的。

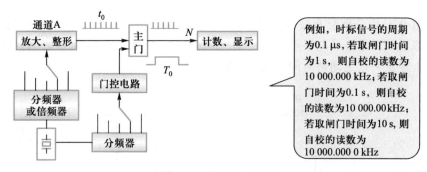

图 2-14　自校原理框图

例如,时标信号的周期为 0.1 μs,若取闸门时间为 1 s,则自校的读数为 10 000.000 kHz;若取闸门时间为 0.1 s,则自校的读数为 10 000.00 kHz;若取闸门时间为 10 s,则自校的读数为 10 000.000 0 kHz。

五、电子计数器的测量误差

实验:被测频率为 100 Hz、1 kHz、10 kHz、100 kHz、1 MHz,闸门时间为 1 s、10 s 时,采用测量频率的方法所带来的量化误差。

实验：被测频率为 100 Hz、1 kHz、10 kHz、100 kHz、1 MHz，时标频率为 10 MHz 时，采用测量周期的方法所带来的量化误差。

比较：在什么频率范围内，采用测量频率方法产生的误差小？在什么频率范围内，采用测量周期的方法产生的误差小？

电子计数器是一种高精度的数字化测量仪器，其精度可达 $10^{-7} \sim 10^{-13}$ 数量级。通用计数器有各种功能，它们的测量误差是不同的。下面仅对测量频率和测量周期的误差进行分析。

1. 测量频率误差

测量频率是在标准时间内累计脉冲的个数，即 $f_x = \dfrac{N}{T_0}$。

测量频率误差的来源有两个方面：闸门时间误差和量化误差。

（1）闸门时间误差

闸门时间误差是由闸门时间 T_0 是否准确、稳定带来的。由前面的工作原理分析可知，闸门时间信号是由晶体振荡器产生的标准频率经过分频而获得的，所以闸门时间的准确度取决于晶体振荡器的频率准确度和稳定度，即闸门时间误差等于晶体振荡器输出频率的误差，即

$$\frac{\Delta T_0}{T_0} = \frac{\Delta f_0}{f_0} \tag{2-12}$$

因为 $N = f_x T_0$，如果 T_0 准确等于 1 s，则有读数 $N = f_x$；如果 T_0 产生了误差 ΔT_0，则频率读数误差为 $\Delta N = f_x \Delta T_0$。从这里可以估算 $\dfrac{\Delta f_0}{f_0}$ 对 ΔN 的影响，即

$$\Delta N = f_x \Delta T_0 = f_x \frac{\Delta f_0}{f_0} T_0 \tag{2-13}$$

> 例如，当 $\Delta f_0/f_0 = 2 \times 10^{-7}$，$T_0 = 1$ s 时，对于 $f_x = 1$ MHz，读数误差 $\Delta N = 0.2$ Hz；对于 $f_x = 10$ MHz，读数误差 $\Delta N = 2$ Hz；而对于 $f_x = 100$ MHz，则读数误差 $\Delta N = 20$ Hz

可见为了保证测量精度，应选用高准确度和高稳定度的石英晶体振荡器。通常，要求石英晶体振荡器的频率误差小于测量误差的一个数量级。

（2）量化误差

量化误差是由通过主门后的计数脉冲个数 N 是否准确带来的，最大为 ±1 Hz。由量化误差所产生的读数误差为

$$\frac{\Delta N}{N} = \frac{\pm 1}{N} = \frac{1}{f_x T_0} \tag{2-14}$$

图 2-15 示出了不同闸门时间的测量频率的误差，由此为了减小测量频率误差，需增大计数值 N，应选用较长的闸门时间。被测频率越高，闸门时间越长，则量化误差对测量频率带来的影响越小，测量精度越高。测频误差一般以晶振的标准频率误差为极限。

当被测频率 f_x 很低时，应采用测量周期的方法来减小误差。

测量频率总的误差可表示为

▼ 学中做
利用电子计数器测量信号源的信号参数

▼ 微课
电子计数器的使用

▼ 学中做
完成时钟频率测量，填写时钟电路测量实施检验工作单

▼ 微课
航空电子信号采集系统频率测量

▼ 做中学
频率稳定度的表征及频率计量

▼ 微课
电子计数器测量频率误差

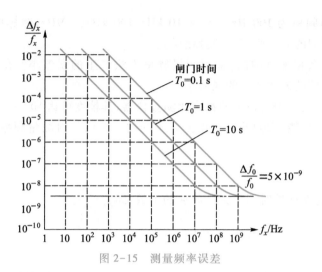

图 2-15   测量频率误差

$$\frac{\Delta f_x}{f_x} = \pm\left(\frac{1}{f_x T_0} + \left|\frac{\Delta f_0}{f_0}\right|\right) \tag{2-15}$$

2. 测量周期误差

周期的公式

$$T_x = Nt_0$$

测量周期误差来源有三个方面: 时标误差、量化误差和触发误差。

(1)时标误差

时标误差是指时标信号 t_0 不准确而引起的误差。同闸门时间一样,时标信号也是由石英晶体振荡器产生的标准频率经倍频或分频得到的,所以时标信号的准确度也是由石英晶体振荡器的准确度和稳定度决定的。

(2)量化误差

在周期测量中,±1 个数字的量化误差所带来的读数误差为

$$\frac{\Delta N}{N} = \frac{\pm 1}{N} = \pm\frac{t_0}{T_x} = f_x t_0 \tag{2-16}$$

由式(2-16)可见,在周期测量中,时标信号一定时,被测信号频率越低,周期越长,则量化误差越小。因此,当被测频率很低时,宜采用测量周期的方法来减小量化误差的影响。

在测频率与测周期之间,应确定一个频率,这个频率提供了测量频率和测量周期的分界点,此分界点的频率称为中界频率,用 f_m 表示。怎样确定中界频率呢?

当使用测频法和测周法测量频率时,使其误差相等,这时就确定了中界频率。其计算方法为

$$f_m = f_x = \sqrt{\frac{Kf_0}{T_0}} \tag{2-17}$$

例如,若取 $T_0 = 10$ s、$t_0 = 0.1$ μs,则 $f_m = 1$ kHz,在该频率上,测频法与测周法的量化误差相等。当 $f_x > f_m$ 时,应采用测频法;当 $f_x < f_m$ 时,应采用测周法。

式中,f_m 为中界频率;f_x 为被测信号频率;K 为周期倍乘率;f_0 为时标频率;T_0 为闸门时间。

由于闸门时间的多值性,电子计数器有多个中界频率,如图 2-16 所示。若采用多周期测量,则读数误差变为

$$\frac{\Delta N}{N} = \pm \frac{t_0}{KT_x}$$ (2-18)

式中,T_x 为被测信号周期;K 为周期倍乘率。

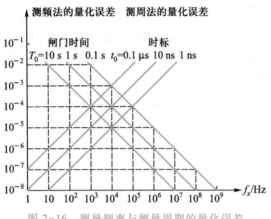

图 2-16 测量频率与测量周期的量化误差

采用多周期测量,增加了计数值 N,可以进一步减小量化误差,但也需注意不可使其溢出。总的来说,测量高频信号可采用测频法;测量低频信号可采用测周法。

（3）触发误差

在周期测量中,闸门时间是由被测信号控制的,只有当闸门时间正好等于被测信号的一个周期或多个周期时,闸门时间才是准确的。但是,当被测信号上叠加有噪声、输入通道的整形电路的触发灵敏度变动或者触发电平漂移时,都会使触发时刻发生抖动,使得触发时刻可能被提前或推迟,从而造成闸门时间不能准确地等于被测信号的周期,于是就产生了触发误差。如图 2-17 所示,由于信号上叠加了干扰 U_n,使得在 A' 点提前达到上触发电平,闸门时间变为 T'_x。

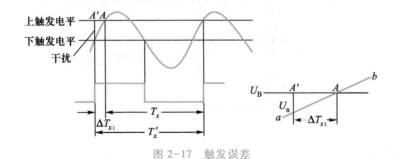

图 2-17 触发误差

设输入为正弦波:$u_x = U_x \sin \omega_x t$,干扰幅度为 U_n。对触发点 A 点作切线 ab,其斜率为 $\tan \alpha$,由图 2-17 可得

$$\Delta T_{x1} = \frac{U_n}{\tan \alpha}$$

$$\tan \alpha = \frac{\mathrm{d}u_x}{\mathrm{d}t}\bigg|_{u_x=u_B} = \omega_x U_x \cos \omega_x t_B$$

$$= \frac{2\pi}{T_x}U_x\sqrt{1-\sin^2\omega_x t_B} = \frac{2\pi}{T_x}\sqrt{1-\left(\frac{u_B}{U_x}\right)^2}$$

式中，U_n 为被测信号上叠加的噪声幅度；U_x 为被测信号的幅度。

实际上一般门电路采用过零触发，即 $u_B = 0$，可得 $\Delta T_{x1} = \frac{T_x}{2\pi}\times\frac{U_n}{U_x}$。

同样，在正弦信号下一个上升沿上也可能存在干扰，即也可能产生触发误差 ΔT_{x2}，若考虑在一个周期开始和结束时可能都存在触发误差，分别用 ΔT_{x1} 和 ΔT_{x2} 表示，按随机误差的均方根合成，得到

练习 ▾

1. 如何估算测频误差？为什么在测量较低频率时应当采用周期测量？

2. 用电子计数器测量 $f_x = 1$ MHz 的信号频率，当选定的闸门时间分别为 1 s、0.1 s、10 ms 时，计算由±1 个数字的量化误差引起的测频误差分别为多少？

3. 如何估算测周误差？为什么要采用多周期测量？

$$\Delta T_x = \sqrt{\Delta T_{x1}^2 + \Delta T_{x2}^2} = \frac{T_x}{\sqrt{2}\pi}\frac{U_n}{U_x} \tag{2-19}$$

由式(2-19)可见，触发误差与信噪比 U_x/U_n 成反比，信噪比越大，触发误差越小。所以，测周期时，为减小触发误差，应提高信噪比。同时，采用多周期测量同样也可以减小触发误差。

测量周期总的误差为

$$\frac{\Delta T_x}{T_x} = \pm\left(\left|\frac{\Delta f_0}{f_0}\right| + \frac{U_n}{k\sqrt{2}\pi U_x} + \frac{t_0}{kT_x}\right) \tag{2-20}$$

从上面的分析可知，误差是电子计数器不可避免的。因此，还常利用一些其他的测量技术或方法来减小甚至消除某些误差的影响，如游标法、内插法、多周期同步法等。

技术扩展：两种提高测量精度的方法

一、多周期同步测频率法

测频率时，量化误差是由于闸门与被测信号的非同步引起的。为减小量化误差，必须使闸门时间等于被测信号整周期数。图 2-18 所示为多周期同步测频率原理。

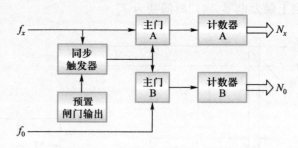

图 2-18　多周期同步测频率原理

多周期测频率法采用微处理器控制，控制预置闸门（由软件发出）并计算频率结果，可实现不同闸门时间内的等精度测量。首先预置闸门时间由微处理器产生，在其控制下，同时打开主门 A 和主门 B，使计数器 A、B 计数。实际的计数时间由同步闸门

决定,在同步闸门时间内对 f_x 计数得被测信号整周期计数值 N_x。为确定同步闸门时间,用计数器 B 对标准频率 f_0 计数得 N_0,同步闸门时间 T'_0 由 $N_0 t_0$ 确定。其闸门时间关系如图 2-19 所示。

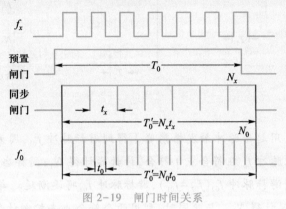

图 2-19 闸门时间关系

取出计数结果,计算出

$$f_x = \frac{N_x}{T'_0} = \frac{N_x}{N_0 T_0} = \frac{N_x}{N_0} f_0 \qquad (2-21)$$

N_x 无 ± 1 的量化误差,N_0 存在 ± 1 误差,但一般 N_0 较大,则 $\pm 1/N_0$ 较小。在任何一挡预选闸门时间内系统量化误差值均为 $\pm 1/N_0$,因而在同一闸门时间内对不同频率的测量分辨力均等。

二、游标法测量时间间隔

1. 游标法

用游标法测量时间间隔的原理,与用游标卡尺测量机械长度的原理是相同的。它使用两个时钟信号,其频率分别为 $f_1 = 1/T_1$、$f_2 = 1/T_2$。f_1 和 f_2 非常接近,频率较低的 f_1 是主时钟,频率较高的 f_2 是游标时钟。两个时钟信号均是在外信号的触发下由触发振荡器产生。用位于被测时间起点的起始脉冲触发主时钟振荡器,用位于终点的停止脉冲触发游标时钟振荡器。开始时主时钟信号将超前于游标时钟信号,但因为 $f_1 < f_2$,故游标时钟信号将逐渐追上主时钟信号,到符合点时两信号相位完全相同,如图 2-20 所示。再利用两个计数器分别计出起始点到符合点的脉冲个数 N_1 和停止点到符合点的脉冲个数 N_2。由于计数器闸门的启闭与时钟同步,因此不产生量化误差,提高测时精度。

$$\tau_x = N_1 T_1 - N_2 T_2 = (N_1 - N_2) T_1 + N_2 \Delta T \qquad (2-22)$$

式中,$\Delta T = T_1 - T_2$。ΔT 为量化分辨力,主时钟和游标时钟信号的周期越接近,则量化分辨力越高。

2. 双游标法

采用双游标法测量时间间隔,和上述的测量原理类似。其测量原理如图 2-21 所

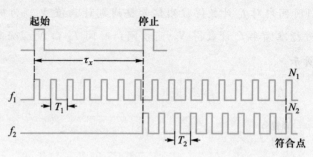

图 2-20　游标法测量时间间隔原理图

示,f_0 为标准脉冲,用起始脉冲触发振荡器 I 得到游标脉冲 f_{01},因为 $f_0 > f_{01}$,游标脉冲将逐渐延迟与标准脉冲 f_0 在符合点 1 符合,计数器计得 N_1;同样当停止脉冲到来时,触发振荡器 II 得到游标脉冲 $f_{02}(f_{02} = f_{01})$,游标脉冲 f_{02} 将逐渐延迟与标准脉冲 f_0 在符合点 2 符合,计数器计得 N_2。与此同时,利用两个符合点去控制计数器,计得 N_0 个标准脉冲。由此被测时间间隔为

$$\tau_x = N_0 T_0 + N_1 T_{01} - N_2 T_{02} = N_0 T_0 + (N_1 - N_2) T_{01} \tag{2-23}$$

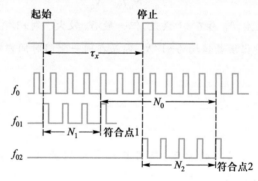

图 2-21　双游标法测量时间间隔原理

练习 ▼
为什么用游标法能获得很高的测时分辨力?

想 一 想
　一般通用电子计数器直接测量的频率能达到 500 MHz 左右,若要达到更高频率,应采用哪些方法?

2.3　微波频率测量技术

　　要对微波波段的信号频率进行数字化测量,必须采用频率变换技术,即将微波信号频率变换至 1 GHz 以下,以便用电子计数器进行直接计数,3 GHz 以下的信号一般采用预定标法,3 GHz 以上的信号一般采用各种频率变换技术。实现频率变换的方法有很多,主要有变频法、置换法、分频法等。

一、变频法

变频法(或称外差法)是将被测微波信号经差频变换成频率较低的中频信号,再由电子计数器计数,如图 2-22 所示。电子计数器主机内送出的标准频率 f_s,经过谐波发生器产生高次谐波,再由谐波滤波器选出所需的谐波分量 Nf_s,它与被测信号 f_x 混频出差频 f_I。

若由电子计数器测出 f_I,则被测微波频率 f_x 为

$$f_x = Nf_s \pm f_I \tag{2-24}$$

为适应 f_x 的变化,谐波滤波器应能够选出合适的谐波分量 Nf_s。

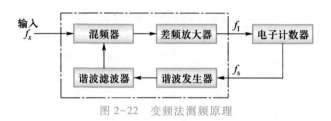

图 2-22　变频法测频原理

二、置换法

置换法是利用一个频率较低的置换振荡器的 N 次谐波,与被测微波频率 f_x 进行分频式锁相,从而把 f_x 转换到较低的频率 f_L(通常为 100 MHz 以下)。原理如图 2-23 所示。f_x 与 f_L 的 N 次谐波 Nf_L 经混频器混频后,取出 $f_x - Nf_L$,当环路锁定时:$f_x - Nf_L = f_s$,即

$$f_x = Nf_L + f_s \tag{2-25}$$

计数器直接对 f_L 计数,但为得到 f_x,还需确定 N 值。

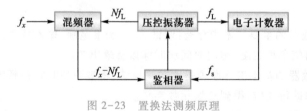

图 2-23　置换法测频原理

三、微波计数器的使用

如果要测量的信号中有噪声、谐波或寄生分量,尽量不要使用微波计数器。在选择测量仪器之前应了解被测信号的所有特性,除非肯定被测信号是纯净、平稳、单一频率成分的,否则应该在制订测试方案前用频谱分析仪先观测被测信号中干扰信号及噪声电平,然后看计数器的性能是否能允许这些干扰并仍能成功地完成频率的测量。

一般来说,对干扰信号和噪声可以使用计数器的附件来抵制。如果被测信号频率变化小于百分之几,可以在计数器的输入端安装一个滤波器。以避免一直占用频

谱分析仪。

在某些特殊的测试场合，可能需要其他附件，例如用一个射频放大器来放大低电平的信号，或通过一个混频器来测量超出计数器测量范围的频率。

微波计数器的性能，如灵敏度、频率范围、功能等也在不断提高。对具有不同规格的众多仪器，应该视测试需要正确地选择，以达到最经济和最佳的应用效果。

图 2-24 为 Agilent 53151A CW 微波计数器的外观。它是一种全功能 CW 微波计数器，特别适合单机应用环境或 ATE 应用环境，它强大的功能足以应付最苛刻的现场应用。它实现了高性能，具有超宽带输入，涵盖了从 50 MHz~26.5 GHz 的 RF 和微波频谱，并且可以通过同一输入同时测量频率和功率。

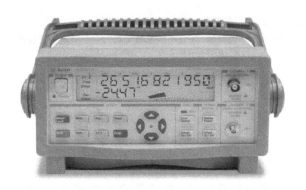

图 2-24　Agilent 53151A CW 微波计数器的外观

本章小结

1. 频率是电子技术中最基本的参量之一，时间与频率基准的精确度是所有计量基准中最高的一种。目前最常用的频率标准有两类：原子频率标准和高精度石英晶体振荡器。

2. 电子计数器按照功能分为通用计数器、频率计数器、时间间隔计数器和特种计数器。

3. 电子计数器的主要技术指标有：测试功能、测量范围、输入特性、测量准确度、石英晶体振荡器的频率稳定度、闸门时间和时标以及输出等。

4. 电子计数器的基本工作原理是比较测量法，将被测的时间和频率与标准的时间间隔和标准频率进行比较，得到整量化数字 N。

5. 电子计数器由于闸门信号和计数信号的不同，而具有测频率、测周期、测时间间隔、测频率比、自校等多种测量功能。

6. 电子计数器测量频率的误差主要有：量化误差和闸门时间误差；电子计数器测量周期的误差主要有：量化误差、时标误差和触发误差。减小误差的方法是：增加计数值、提高信噪比和选用高精度的标准频率。使测频率和测周期误差相等的频率称为中界频率。

7. 利用游标法测量时间间隔及多周期测频法可以消除或减小量化误差并提高测量精度。

8. 合理选择电子计数器；掌握电子计数器的测量功能；正确选择仪器测量功能；熟悉电子计数器的键钮分布及使用方法；运用电子计数器完成对时间和频率参数的测量。

　　电压、电流、功率是表征电信号能量大小的三个基本参量。在电子电路中,只要测量出其中一个参量就可以根据电路的阻抗求出其他两个参量。考虑到测量的方便、安全、准确等要求,几乎都用测量电压的方法来确定表征电信号能量大小的基本参量。此外,还有许多参数,如频率特性、谐波失真度、调制度等都可以看成是电压的派生量。因此电压的测量是其他许多电参量(包括非电量)测量的基础。

学习目的与要求

　　通过完成测试任务,掌握电压表的工作原理、技术指标,合理选择电压表;熟悉常见电压表的键钮分布,熟练掌握电压表的使用方法及读数换算方法;运用电压表完成对电压的测量。

3.1　概　　述

▼课件
第3章

▼测量任务
完成航空电子信号采集系统传感接入信号测量与通道电路测量

一、电压的分类

电压可以分为直流电压和交流电压两类。
直流电压的幅度是恒定不变的。交流电压的幅度是随着时间周期性变化的。

二、交流电压的基本参数

　　峰值、平均值和有效值是交流电压的基本参数,一个交流电压的幅度特性可用峰值、平均值、有效值这三个基本参数和与基本参数相关的波形因数、波峰因数等参数来表征。

1. 峰值 U_P

　　一个周期性交流电压 $u(t)$ 在一个周期内所出现的最大瞬时值称为该交流电压的峰值 U_P。峰值 U_P 是参考零电平计算的,有正峰值和负峰值之分,分别用 U_{P+} 和 U_{P-} 表示。

▼微课
交流电压参数

含直流分量的交流电压,其正峰值 U_{P+} 和负峰值 U_{P-} 的绝对值大小是不相等的;与交流电压的振幅值 U_m 也是不相等的。但当交流电压的直流分量为零时,其正峰值 U_{P+} 和负峰值 U_{P-} 的绝对值及交流电压的振幅值 U_m 都是相等的。这里要特别注意峰值 U_P 与振幅值 U_m 的区别。

不同情况下的峰值与振幅值的含义如图 3-1 所示。其中,图 3-1(a)的直流分量大于零;图 3-1(b)的直流分量等于零。

提 示
区别点在参考电平不相同:峰值 U_P 是相对于零电平值,而振幅 U_m 是相对于直流分量值。

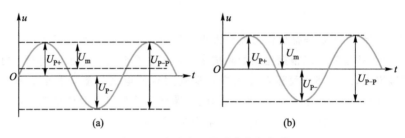

图 3-1 交流电压的峰值与振幅值

提 示
上述是以理想正弦信号为典型例子来定义的平均值,实际上各种交流信号波形电压的平均值都是用式(3-2)定义。

2. 平均值 $\overline{U}$

交流电压的平均值在数学上定义为

$$\overline{U} = \frac{1}{T}\int_0^T u(t)\,\mathrm{d}t \tag{3-1}$$

显然,不含直流分量的正弦信号的电压平均值为零。用这种定义来表征正弦信号的幅度没有实际意义。所以在实际的测量中是用检波后的平均值来表征正弦信号的幅度特性。检波分半波检波和全波检波,检波后的波形如图 3-2 所示。

提 示
没有特殊说明时,交流电压的测量值都是指有效值。

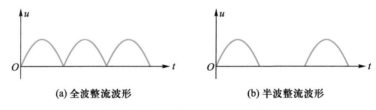

(a) 全波整流波形   (b) 半波整流波形

图 3-2 正弦信号经检波后的波形

通常用全波检波后波形的平均值来表征正弦信号的幅度特性,故有

$$\overline{U} = \frac{1}{T}\int_0^T |u(t)|\,\mathrm{d}t \tag{3-2}$$

半波检波后的平均值是全波检波后平均值的一半,即为正弦信号电压平均值的一半。

3. 有效值 U

交流电压的有效值理论上定义为:交流电压加在某个电阻上产生的功率与一个直流电压在同一个电阻上产生的功率相同时,则这个直流电压值为该交流电压的有效值。数学上交流电压的有效值定义为它的均方根值。

$$U = \sqrt{\frac{1}{T} \int_0^T u^2(t) \, dt} \qquad (3-3)$$

4. 波形因数 K_f

交流电压的有效值与平均值之比称为该交流电压的波形因数,用 K_f 表示。

$$K_f = \frac{U}{\overline{U}} \qquad (3-4)$$

正弦信号的波形因数 $K_f = 1.11$;三角波的波形因数 $K_f = \dfrac{2}{\sqrt{3}}$;方波信号的波形因数 $K_f = 1$。

5. 波峰因数 K_P

交流电压的峰值与有效值之比被定义为波峰因数,用 K_P 表示。

$$K_P = \frac{U_P}{U} \qquad (3-5)$$

正弦信号的波峰因数 $K_P = \sqrt{2}$;三角波的波峰因数 $K_P = \sqrt{3}$;方波信号的波峰因数 $K_P = 1$。

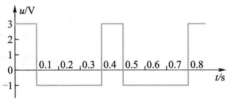

图 3-3　矩形波波形

▼ 延伸学习

正弦波波形因数推导

▼ 延伸学习

正弦波波峰因数推导

▼ 练习

1. 一个交流电压可用哪些参数来表征?相互之间有什么关系?

2. 写出图 3-3 所示波形的全波平均值、正峰值、负峰值、峰-峰值、有效值和直流分量的大小。

三、电压测量方法分类

1. 按照测量对象的不同,分为直流电压测量和交流电压测量。
2. 按照测量技术的不同,分为模拟测量和数字测量。

四、电压表的分类

电压表按其工作原理和读数方式分为模拟电压表和数字电压表两类。

1. 模拟电压表

模拟电压表又称指针式电压表,一般都采用磁电式直流电流表头作为被测电压的指示器。测量直流电压时,可直接或经放大或经衰减后变成一定量的直流电流驱动直流表头的指针偏转指示。

模拟电压表按检波方式分为均值电压表、有效值电压表和峰值电压表。按电压表电路组成的方式也可分为检波-放大式电压表、放大-检波式电压表、外差式电压表三类。

不管哪类模拟电压表,都要将被测信号电压转换成直流电流通过表头才能测量出电压结果。所以,测量机构(表头)、测量线路以及转换开关是模拟电压表不可缺

┌─ 提　示 ─┐

测量交流电压时,必须经过交流-直流变换器即检波器,将被测交流电压先转换成与之成比例的直流电压后,再进行直流电压的测量。

少的组成部分。

2. 数字电压表

数字电压表实际上就是一种用 A/D 转换器作测量机构,用数字显示器显示测量结果的电压表。测量交流电压及其他电参量的数字电压表必须在 A/D 转换器之前对被测电参量进行转换处理,应将被测电参量转换成直流电压。

A/D 转换器是数字电压表的核心部分,它的转换精度、分辨力、抗干扰能力直接影响数字电压表的测量精度、灵敏度和抗干扰能力。

五、电压表的主要技术指标

电子电路中的电压具有频率范围宽、幅度差别大、波形多样化等特点,对测量电压所采用的电子电压表的主要技术指标如下。

提 示

除采用电压表之外,还可用示波器来进行电压测量。

1. 频率范围

被测信号电压的频率可以在 0 赫兹到千兆赫兹范围内变化,这就要求测量信号电压的仪表的带宽要覆盖较宽的频率范围。

2. 量程

通常,被测信号电压小到微伏级,大到千伏以上。这就要求测量电压仪表的量程相当宽。

3. 输入阻抗

提 示

电压表所能测量的下限值被定义为电压表的灵敏度,目前只有数字电压表才能达到微伏级的灵敏度。

电压测量仪表的输入阻抗是被测电路的附加并联负载。为了减小电压表对测量结果的影响,就要求电压表的输入阻抗很高,即输入电阻大、输入电容小,使附加的并联负载对被测电路影响很小。

4. 测量精确度

对一般的工程测量,如市电、电路电源电压等的测量都不要求有高的测量精确度。但对一些特殊电压的测量却要求有很高的测量精确度。如对 A/D 转换器的基准电压的测量,以及对稳压电源的稳压系数的测量都要求有很高的测量精确度。

提 示

直流电压的测量可获得较高的测量精确度。例如,直流数字电压表的测量精确度一般可达 10^{-4} ~ 10^{-7} 量级;交流电压表的测量精确度可达 10^{-2} ~ 10^{-4} 量级。在测量精确度要求不高时,可选用测量精确度在 1%~3% 左右的电压表。

电压表精确度表示方法如下。

(1) 满度值的百分数 $\pm\beta\%U_m$:具有线性刻度的模拟电压表一般采用这种表示方法。式中,$\pm\beta\%$ 为满度相对误差;U_m 为电压表满刻度值。

(2) 读数值的百分数 $\pm\alpha\%U_x$:具有对数刻度的电压表一般采用这种表示方法。式中,$\pm\alpha\%$ 为读数相对误差;U_x 为电压表测量读数值。

(3) $\pm(\alpha\%U_x+\beta\%U_m)$:数字电压表一般采用这种表示方法。

5. 抗干扰能力

测量工作一般都是在有干扰的环境下进行的,所以要求测量仪表具有较强的抗干扰能力。特别是高灵敏度、高精度的仪表都要具备很强的抗干扰能力,否则就会引入明显的测量误差,达不到测量精确度的要求。对于数字电压表来说,这个要求更为突出。

6. 被测电压波形种类

不同类型电压表的适用对象和使用方法是不同的。测量时,应根据电压表的类型和电压波形来确定被测电压的大小。

3.2 模拟电压表

一、模拟电压表的分类

▼学习引导问题
模拟电压表是怎样
进行分类的?

模拟电压表即指针式电压表,它用磁电式直流电流表(俗称表头)作为指示器,有直流电压表和交流电压表两类。

直流电压表用于测量直流电压,是构成交流电压表的基础。

交流电压表用于测量交流电压,测量时,首先利用交直流变换器 AC/DC 将交流变成直流,再利用测量直流电压的方法进行测量。其核心为交直流变换器 AC/DC,一般利用检波器来实现交直流变换。

按照测量电压频率的不同,交流电压表还可以分为超低频电压表(低于 10 Hz)、低频电压表(低于 1 MHz)、视频电压表(低于 30 MHz)、高频或射频电压表(低于 300 MHz)和超高频电压表(高于 300 MHz)。

根据电压表电路组成的方式不同,模拟电压表又可分为以下 3 种。

1. 检波-放大式

检波-放大式电压表框图如图 3-4 所示。将被测电压 u_x 先变成直流电压,再经直流放大器放大,然后驱动直流微安表指针偏转。

图 3-4 检波-放大式电压表框图

电压表的频带宽度主要取决于检波电路的频率响应。通常所称"高频电压表"或"超高频电压表"都属于这一类。由于二极管导通时有一定的起始电压,且采用普通直流放大器会有零点漂移,故其灵敏度不高,不适宜测量小信号。

2. 放大-检波式

放大-检波式电压表框图如图 3-5 所示。被测电压先经宽带放大器放大,然后再检波,变成直流电信号,驱动微安表指针偏转。这种电压表灵敏度由于先行放大而提高,但受放大器内部噪声的限制。其频率范围主要受放大器带宽的限制,典型的频率范围为 20 Hz~10 MHz,称为"视频毫伏表"。

图 3-5 放大-检波式电压表框图

3. 外差式

前面所讨论的检波-放大式和放大-检波式两种电压表,频率响应和灵敏度互相矛盾,很难兼顾,这可以通过外差测量方法来解决。外差式电压表框图如图 3-6 所示,其原理与外差式收音机相似。被测信号通过输入电路(包括输入衰减器及高频放大器)在混频器中与本机振荡器的振荡信号混频,输出的中频信号经中频放大器选频放大,然后检波,驱动微安表指针偏转。

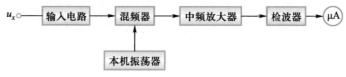

图 3-6　外差式电压表框图

外差测量法的中频是固定不变的,中频放大器有良好的选择性,相当高的增益,这样就解决了放大器的带宽与增益的矛盾,削弱噪声的影响,提高了测量灵敏度,扩展了频率范围。一般的高频微伏表即属于这一类。

二、均值电压表

在均值电压表内,电压的平均值是指被测电压经整流后的平均值,这通常是对全波整流而言,即输入电压的绝对值在一个周期的平均值

$$\overline{U} = \frac{1}{T}\int_0^T |u(t)|\mathrm{d}t \qquad (3-6)$$

均值电压表一般采用放大-检波式电路组成低频电压表,或采用外差式电路组成高频微伏表。

1. 检波器电路

电子电压表内常用的均值检波器电路如图 3-7 所示,图 3-7(a)为桥式电路,图 3-7(b)中使用了两只电阻代替图 3-7(a)中的两只二极管,称半桥式电路。

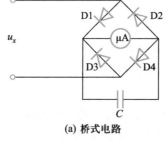
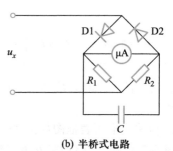

图 3-7　均值检波器电路

被测电压为 U_x,电表内阻 r_m,D1~D4 的正、反向电阻分别为 R_d、R_r。一般 R_d 为 100~500 Ω, R_r 为 1~3 kΩ。由于 $R_\mathrm{r} \gg R_\mathrm{d}$,忽略反向电流的作用,流过电表的平均电流为

$$\overline{I} = \frac{1}{T}\int_0^T |i(t)|\mathrm{d}t$$

$$= \frac{1}{T}\int_0^T \frac{|U_x|}{2R_\mathrm{d}+r_\mathrm{m}}\mathrm{d}t$$

$$\frac{\overline{U}_x}{2R_\mathrm{d}+r_\mathrm{m}} \propto \overline{U}_x$$

所以,均值响应检波器输出的平均电流正比于输入电压的平均值。

2. 定度系数和波形换算

考虑到正弦波是基本的和应用最为普通的波形,几乎所有的交流电压表都是按照正弦波电压的有效值定度的。显然,如果检波器不是有效值响应,则标称值(即示值 U_α)与实际响应值之间存在一个系数,这个系数就称为定度系数,记作 K_α。

对于均值响应检波器,在额定频率下施加正弦波电压时的示值为

$$U_\alpha = K_\alpha \overline{U} \tag{3-7}$$

根据正弦波信号的波形因数,定度系数为

$$K_\alpha = \frac{U_\alpha}{\overline{U}} = 1.11 \tag{3-8}$$

由此可知,如果用均值电压表测量纯正弦波电压,其示值 U_α 就是被测电压正弦波的有效值。如果被测电压是非正弦波电压时,其示值并无直接的物理意义。

提 示

只有把示值经过换算后,才能得到被测电压的有效值。首先按"平均值相等示值也相等"的原则将示值 U_α 折算成被测电压的平均值

$$\overline{U} = \frac{U_\alpha}{K_\alpha} \approx 0.9 U_\alpha \tag{3-9}$$

再用波形因数 K_f(如果被测电压的波形已知)求出被测电压的有效值

$$U_x = K_f \overline{U} \approx 0.9 K_f U_\alpha \tag{3-10}$$

总结:波形换算的方法是,当测量任意波形电压时,将测量结果(即表盘上的示值)先除以定度系数折算成被测电压的平均值,再乘以被测电压的波形因数(如果被测电压的波形已知)即可得到被测非正弦电压的有效值。

【例 3-1】 用全波式均值电压表分别测量方波及三角波电压,示值均为 1 V,问被测电压的有效值分别为多少?

【解】 示值 $U_\alpha = 1$ V

(1) 对于方波($K_f = 1$)

$$U_x \approx 0.9 K_f U_\alpha = 0.9 \text{ V}$$

(2) 对于三角波$\left(K_f = \dfrac{2}{\sqrt{3}}\right)$

$$U_x \approx 0.9 K_f U_\alpha = \frac{2}{\sqrt{3}} \times 0.9 \times 1 \text{ V} = 1.035 \text{ V}$$

3. 误差分析

均值电压表误差的主要来源有:指示电流表的误差、检波二极管的不稳定性、被测电压超过频率范围及波形所造成的误差。

> 这里着重分析波形误差

以全波式均值电压表为例,当以示值 U_α 作为被测电压的有效值 U_x 时所引起的绝对误差为

练习▼

1. 用全波式均值电压表分别测量方波及三角波电压,示值均为10 V,问被测电压的有效值分别为多少?

2. 用全波式均值电压表对方波、三角波、正弦波三种波形交流电压进行测量,读数均为10 V。求各种波形的峰值、平均值和有效值各为多少?并将这三种波形画于同一坐标上进行比较。

微课▼

峰值电压表工作原理

学中做▼

计划测量方案与步骤,填写传感接入信号测量与通道电路测量计划工作单

延伸学习▼

一种交流毫伏表的使用方法

延伸学习▼

模拟电压表的读数方法

$$\Delta U = U_\alpha - 0.9 K_f U_\alpha = (1 - 0.9 K_f) U_\alpha$$

示值相对误差 γ_u 为

$$\gamma_u = \frac{(1 - 0.9 K_f) U_\alpha}{U_\alpha} = 1 - 0.9 K_f \tag{3-11}$$

当被测电压为方波时($K_f = 1$),$\gamma_u = 1 - 0.9 K_f = 10\%$,即产生 +10% 的误差。

当被测电压是三角波时($K_f = 2/\sqrt{3} = 1.15$),$\gamma_u = 1 - 0.9 K_f = 1 - 0.9 \times 1.15 \approx -3.5\%$,即产生 -3.5% 的误差。

总结: 由上述可见,对于不同的波形,所产生的误差大小和方向是不同的。如果知道检波器的类型及被测电压的波形因数,进行换算是很方便的。

三、有效值电压表

1. 检波式有效值电压表

电压的有效值定义是

$$U = \sqrt{\frac{1}{T} \int_0^T u^2(t)\,\mathrm{d}t} \tag{3-12}$$

如果通过检波器来实现,就要求这种检波器具有平方律关系的伏安特性。图 3-8 给出了一种基本电路形式,如图 3-8(a)所示,利用二极管正向特性曲线的起始部分,得到近似平方关系。选择合适的偏压 E_0(大于被测电压 u_x 的峰值),即可得到图 3-8(b)所示波形图。

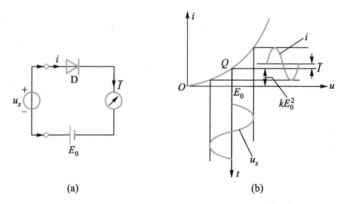

(a)　　　　(b)

图 3-8　平方律特性的获得

设检波二极管 D 的检波系数为 k,则流过它的电流为

$$i = k[E_0 + u_x(t)]^2 \tag{3-13}$$

直流电流表指针的偏转角与电流 I 的平均值 $\bar{I}$ 成正比

$$\bar{I} = \frac{1}{T} \int_0^T i(t)\,\mathrm{d}t = \frac{1}{T} \int_0^T k[E_0 + u_x(t)]^2 \mathrm{d}t = kE_0^2 + 2kE_0 \bar{U}_x + kU_x^2 \tag{3-14}$$

式中,kE_0^2 为静态工作点电流,即无信号输入时的起始电流;$\bar{U}_x$ 为被测电压的平均值,对于正弦波或周期性对称的电压 $\bar{U}_x = 0$;kU_x^2 是与被测电压的有效值平方成比例的电

流平均值 $\bar{I}$。

　　设法在电路中抵消起始电流,则送到直流电流表的电流为

$$\bar{I} = kU_x^2 \qquad\qquad (3\text{-}15)$$

从而实现了有效值转换。

2. 热电转换式有效值电压表

　　热电转换式电压表是实现有效值电压测量的一种重要方法。它是利用具有热电转换功能的热电偶来实现有效值变换。

　　图 3-9 为热电转换电压表的原理。图中 A、B 为不易熔化的金属丝,称为加热丝;M 为热电偶,它由两种不同材料的导体连接而成,其交界面与加热丝耦合,故称"热端",而 D、E 为"冷端"。当加入被测电压 u_x 时,热电偶热端 C 的温度将高于冷端 D、E,产生热电动势,故有直流电流流过微安表。该电流正比于热电动势。因为热端温度正比于被测电压有效值 U_x 的平方,热电动势正比于

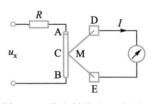

图 3-9　热电转换电压表原理

热、冷端的温度差,因而通过电流表的电流 I 将正比于 U_x^2。这就完成了被测交流电压的有效值到热电偶电路中直流电流之间的转换,从广义来讲,也就完成了有效值检波。

　　图 3-10 是 DA-24 型有效值电压表简化组成框图,被测电压 $u_x(t)$ 经宽带放大器放大后加到测量热电偶 M1 的加热丝上,经热电转换得热电动势 E_x,它正比于被测电压有效值 U_x 的平方,即

$$E_x = K(A_1 U_x)^2$$

式中,A_1 为宽带放大器电压放大倍数;K 为热电偶转换系数。

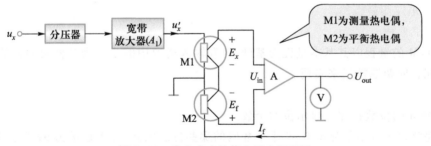

图 3-10　热电式有效值电压表原理图

　　在被测电压经放大后加到 M1 的同时,经直流放大器放大后的输出电压也加到平衡热电偶 M2 上,产生热电动势 $E_f = KU_{out}^2$。当直流放大器的增益足够高且电路达到平衡时,其输入电压 $U_{in} = E_x - E_f \approx 0$,即 $E_x = E_f$,所以 $U_{out} = A_1 U_x$。

　　由此可知,如两个热电偶特性相同(即 K 相同),则通过图示反馈系统,输出直流电压就正比 $u_x(t)$ 有效值 U_x,所以表头示值与输入呈线性关系。

四、计算式有效值电压表

　　根据交流电压的有效值即其方均根值,利用模拟电路对信号进行平方、积分、开

平方等运算即可得到测量结果。图 3-11 是计算式转换器方框图。第一级为模拟乘法器,第二级为积分器,第三级对积分器的输出电压进行开方使输出电压大小与被测电压有效值成正比,得到最后测量结果。

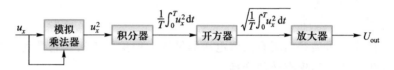

图 3-11　计算式转换器方框图

搜索 ▼
国产电子测量仪器
代表性公司优利德
(中国)的发展历程

学习引导问题 ▼
1. DVM 的技术
指标中,显示位数、
量程和分辨力有什
么联系?
2. 什么是超量
程能力?如何判断
一个 DVM 有没有
超量程能力?
3. DVM 的测量
误差由哪些因素
造成?
4. 影响 DVM 的
干扰有哪些形式?
它们是如何产生
的?
5. 怎样提高
DVM 的抗干扰性
能?

3.3　数字电压表

数字电压表可缩写为 DVM(digital voltmeter),与模拟电压表相比,数字电压表有很多优点:它的量程范围宽,精度高,并以数字显示结果;测量速度快;能向外输出数字信号,可与其他存储、记录、打印设备相连接;输入阻抗高,一般可达 10 MΩ 左右。目前数字电压表已经广泛用于电压的测量和仪表的校准。在数字电压表的基础上,把其他参数(如电流、电阻、交流电压等)变换为等效的直流电压 U,然后通过测量 U获得被测参数的数值就形成了数字多用表。

一、DVM 的主要技术性能指标

1. 电压测量范围

(1) 量程

DVM 的量程以其基本量程为基础,再和输入通道中的步进衰减器及输入放大器适当配合向两端扩展来实现。

(2) 显示位数

DVM 的位数指完整显示位的个数。

完整显示位指能显示 0~9 十个数码的那些位。因此,最大显示为 9999 和 19999的数字电压表都是 4 位的。但是为了区分起见,也常把最大显示为 19999 的数字电压表称作 $4\frac{1}{2}$ 位数字电压表;最大显示为 59999 的表,称为 $4\frac{3}{4}$ 位数字电压表。

(3) 超量程能力

指 DVM 所能测量的最大电压超过量程值的能力。

数字电压表有无超量程能力,要根据它的量程分挡情况及能够显示的最大数字情况决定。显示位数全是完整位的 DVM,没有超量程能力。带有 1/2 位并以 1 V、10 V、100 V 分挡的 DVM,才具有超量程能力。带有 1/2 位的数字电压表,如果按

提示
基本量程是指
未经衰减和放大
的量程,也就是
A/D 转换器的电
压范围。量程转
换有手动和自动
两种,自动转换借
助于内部逻辑控
制电路来实现。

2 V、20 V、200 V 分挡,就没有超量程能力。$5\frac{1}{2}$ 位的 DVM,在 10 V 量程上,最大显示 19.999 9 V 电压,允许有 100% 的超量程。最大显示为 5.9999,称为 $4\frac{3}{4}$ 位。如量程按 5 V、50 V、500 V 分挡,则允许有 20% 超量程。

2. 分辨力

分辨力指 DVM 能够显示输入电压最小变化值的能力,即显示器末位读数跳一个单位所需的最小电压变化值。在最小量程上,DVM 具有最高分辨力。

3. 测量误差

（1）允许误差

使用条件下的误差,以绝对值形式给出。

（2）固有误差

标准条件下的误差,常以下述形式给出:

$$\Delta U = \pm(\alpha\% \cdot U_x + \beta\% \cdot U_m) \tag{3-16}$$

式中,U_x 为被测电压读数;U_m 为该量程的满度值;α 为误差的相对项系数;$\alpha\% U_x$ 为读数误差,随被测电压而变化,与仪器各单元电路的不稳定性有关;β 为误差的固定项系数,$\beta\% U_m$ 表示满度误差;对于给定的量程,$\beta\% U_m$ 是不变的。

4. 输入电阻和输入偏置电流

输入电阻,一般不小于 10 MΩ,高准确度的可优于 1 000 MΩ,通常在基本量程时具有最大的输入电阻。

输入偏置电流是指由于仪器内部产生的表现于输入端的电流,应尽量使该电流减小。

5. 抗干扰特性

按干扰作用在仪器输入端的方式分为串模干扰和共模干扰。一般串模干扰抑制比可达 50~90 dB,共模干扰抑制比可达 80~150 dB。

6. 测量速率

测量速率是在单位时间内以规定的准确度完成的最大测量次数,每秒几次或几十次不等,一般规律是仪表的测量速度越高,测量误差越大。

二、DVM 的主要类型

根据 A/D 转换的基本原理,DVM 可分为以下几类。

比较式 A/D 转换器:采用将输入模拟电压与离散标准电压相比较的方法,典型的是具有闭环反馈系统的逐次比较式。

积分式 A/D 转换器:是一种间接转换形式。它对输入模拟电压进行积分并转换成中间量时间,再对时间进行测量。

复合式 DVM:是将积分式与比较式结合起来的一种类型。

表 3-1 列出了三类 A/D 转换器的常见形式。

提 示

在不同的量程上,分辨力是不同的。

提 示

有时满度误差又用与之相当的末位数字的跳变个数来表示,记为 ±n 个字,即在该量程上末位跳 n 个单位时的电压值恰好等于 $\beta\% U_m$。

提 示

比较式和积分式是 A/D 转换器的基本类型。比较式 A/D 转换器构成的 DVM 测量速度快,电路比较简单,但抗干扰能力差。积分式 A/D 转换器构成的 DVM 突出优点是抗干扰能力强,主要不足是测量速度慢。

表 3-1 三类 A/D 转换器的常见形式

比较式(直接式)	闭环反馈比较式	逐次比较、计数比较、跟踪比较、再循环剩余比较式
	开环反馈比较式	并联比较、串联比较、串并联比较式
积分式(间接式)	V/T 转换式	斜坡式、双斜积分式、三斜式、四斜式、多斜式
	V/F 转换式	电荷平衡式、复零式、交替积分式
复合式	V/T 比较式	两次取样式、三次取样式、电流扩展式
	V/F 比较式	两次取样式

延伸学习 ▼

一种常用数字多用
表的技术指标。

三、斜坡电压式 DVM

斜坡电压式 DVM 利用时间这个中间量,测量的第一步是用一个线性斜坡电压将模拟直流电压变换成容易数字化的时间间隔,而该时间间隔与被测量成正比。测量的第二步是利用计数器对这个时间间隔进行计数,以便把被测量用数字形式显示出来。

学中做 ▼

选择测量所需数字
电压表,填写传感
接入信号测量与通
道电路测量计划工
作单

斜坡电压式 DVM 简化方框图如图 3-12 所示,它的 A/D 转换部分实质上是一个电压-时间(U-T)变换器。斜坡电压发生器是这种 DVM 的核心部分,它产生线性良好的斜坡电压,斜坡电压变化范围从-12 V 到+12 V(以 DVM 的基本量程是10.00 V 为例)。斜坡电压分别接到两个比较器:信号比较器和零比较器。上述两个比较器的输出接至逻辑控制电路,后者输出控制计数器闸门的门控制信号。其工作原理如图 3-13 所示。

学习引导问题 ▼

1. 斜坡电压式
A/D 转换器由哪些
单元电路构成?两
个电压比较器的作
用是什么?

2. 若被测电压 <
0,画出波形转换
图,并指出闸门的
开门和关门信号分
别由什么电路
提供?

3. 为什么斜坡
电压式 DVM 的抗
干扰能力较差?

想一想

若被测电压是
一正极性电压,开
门信号和关门信
号又由哪个比较
器提供?

图 3-12 斜坡电压式 DVM 简化方框图

若斜坡电压 U_r 是理想线性的,则 $U_x = K\Delta T$,门控的时间间隔正比于 U_x。在闸门开通期间内,时钟脉冲通过闸门进行计数。适当选择时钟脉冲频率和小数点的位置,就能以一定的位数显示出被测量。一次测量结束,逻辑控制电路输出复位信号,将计数器置零。

用斜坡电压技术所能达到的测量准确度,取决于斜坡电压的线性与绝对斜率稳定性以及时间测量的准确度。此外,比较器的稳定性也是影响测量误差的重要因素。测量转换的是瞬时值,因而测量精度较低。这种 DVM 的线路简单,在要求测量准确度不太高(例如 1%)的数字多用表中还在广泛采用。

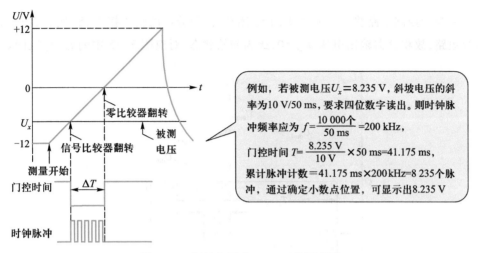

图 3-13　斜坡电压式 DVM 工作原理图

例如，若被测电压 U_x=8.235 V，斜坡电压的斜率为10 V/50 ms，要求四位数字读出。则时钟脉冲频率应为 $f=\dfrac{10\,000个}{50\,\text{ms}}=200\,\text{kHz}$，

门控时间 $T=\dfrac{8.235\,\text{V}}{10\,\text{V}}\times 50\,\text{ms}=41.175\,\text{ms}$，

累计脉冲计数=41.175 ms×200 kHz=8 235个脉冲，通过确定小数点位置，可显示出8.235 V

四、双积分式 A/D 转换器

表 3-2　双积分式 A/D 转换器状态表

工作阶段	开关工作情况	积分器的输入电压	积分器的输出电压	工作波形	转换结果

▼学习引导问题
1. 根据双积分式的基本工作原理，在表 3-2 中填写相关信息。
2. 两段积分的斜率分别为多大？
3. 基准电压 U_r 的极性与被测电压的极性是相同的，还是相反的？
4. 为什么双积分式 DVM 的抗干扰能力较强？

基本原理：双积分式 A/D 转换也是利用时间这个中间量来进行测量的。在一个测量周期内用同一个积分器进行两次积分，积分对象分别是被测电压 U_x 和基准电压 U_r，先对 U_x 定时积分，再对 U_r 定值积分。通过两次积分的比较，将 U_x 变换成与之成正比的时间间隔。

双积分式 A/D 转换器的原理方框图如图 3-14 所示，其工作过程分三个阶段。

▼微课
双积分式 A/D 转换

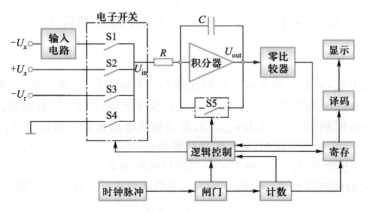

图 3-14　双积分式 A/D 转换器的原理方框图

1. 准备阶段($t_0 \sim t_1$)

由逻辑控制电路将电子开关中的 S_4 闭合,使积分器的输入接地; S_5 闭合,使积分电容短路,故积分器输出电压 $u_{out} = 0$,此为初始状态,对应图 3-15 中的 $t_0 \sim t_1$ 区间。

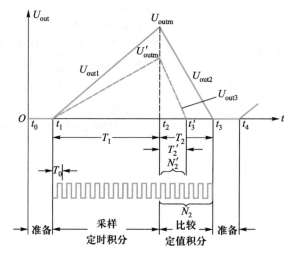

图 3-15 双斜积分式 A/D 转换的工作原理

2. 采样阶段($t_1 \sim t_2$)

设被测电压($-U_x$)<0。在 t_1 时刻,逻辑控制电路将电子开关 S_4 断开,S_1 闭合,接入($-U_x$),S_5 断开,积分器作正向积分,输出电压 u_{out} 从零开始线性增加。逻辑控制电路同时打开闸门,计数器对时钟脉冲计数。经过预置时间 T_1,即在 t_2 时刻,计数器溢出,复零,进位脉冲使逻辑控制电路将 S_1 断开,S_2 闭合,采样阶段结束。此时,积分器输出电压为

$$U_{outm} = -\frac{1}{RC}\int_{t_1}^{t_2}(-U_x)\mathrm{d}t = \frac{T_1}{RC}\overline{U}_x \qquad (3-17)$$

U_x 为直流电压,$\overline{U}_x$ 为其平均值,则

$$U_{outm} = \frac{T_1}{RC}U_x \qquad (3-18)$$

积分器对($-U_x$)作定时积分时的输出电压 u_{out1} 的斜率由 U_x 决定,U_x 大则斜率高,U_{outm} 值高。

3. 比较阶段($t_2 \sim t_3$)

自 t_2 时刻起,开始比较阶段。此时正极性的基准电压 U_r 接至积分器的输入端,开始定值反向积分,输出电压 u_{out2} 从 U_{outm} 开始线性下降;同时,计数器重新从零开始计数。到 $t = t_3$ 时刻,积分器输出 $u_{out2} = 0$,逻辑控制电路发出控制信号,S_2 断开,S_4 和 S_5 闭合,积分器恢复到零状态,此时零比较器翻转,关闭闸门,计数器停止计数。转换器随着进入休止阶段($t_3 \sim t_4$),做下一个测量周期的准备。

$t_2 \sim t_3$ 之间的间隔为 T_2,在 T_2 期间 u_{out2} 下降的斜率是常数。在此期间

$$u_{out2} = U_{outm} + \left(-\frac{1}{RC}\int_{t_2}^{t_3}U_r\mathrm{d}t\right)$$

在 t_3 时刻

$$u_{out2} = 0 = U_{outm} - \frac{T_2}{RC}U_r \qquad (3-19)$$

由式(3-18)和式(3-19)可得到

$$\frac{T_2}{RC}U_r = \frac{T_1}{RC}U_x$$

$$U_x = \frac{U_r}{T_1}T_2 \qquad (3-20)$$

式中,U_r、T_1 均为固定值。所以被测电压 U_x 正比于时间间隔 T_2。

若在时间 T_1 内计数器计数结果为 N_1,T_2 计数结果为 N_2,则

$$U_x = \frac{U_r}{N_1}N_2 \qquad (3-21)$$

如果参数选取合适,被测电压 U_x 就等于在 T_2 期间计数器所计的时钟个数,即

$$U_x = N_2(电压单位)$$

总结:这种 A/D 转换器的工作过程是:在同一个测量周期内,首先对被测直流电压 U_x 在限定时间(T_1)内进行定时积分,然后切换积分器的输入电压为基准电压($-U_x<0$ 时,$U_r>0$;$-U_x>0$ 时,$U_r<0$),再对 U_r 进行定值反向积分,直到积分器输出电压等于零为止。合理选择电路参数可把被测电压 U_x 变换成反向积分的时间间隔,再利用脉冲计数法对此时间间隔进行数字编码,从而得出被测电压数值。整个过程是两次积分,将被测电压模拟量 U_x 变成与之正比的计数脉冲个数,从而完成 A/D 转换。

这种 A/D 转换器的准确度主要取决于标准电压的准确度和稳定度,而与积分器的参数(R、C 等)基本无关,由于两次积分都是对同一时钟脉冲源输出脉冲进行计数,故对脉冲频率准度要求不高,因而准确度高。

五、逐次逼近比较式 A/D 转换器

1. 逐次逼近比较式 A/D 工作原理

逐次逼近比较式 A/D 转换器的工作原理非常类似于天平称质量过程。天平在称物质的质量时使用一系列的砝码,根据称量过程中天平的平衡情况,逐次增加或减少砝码,使天平最终趋于平衡。逐次逼近比较式 A/D 转换器,在转换过程中用被测电压与基准电压按指令进行比较,依次按二进制递减规律减小,从数字码的最高位开始,逐次比较到最低位,基准电压的总和逼近 U_x。现在,A/D 转换器一般都是用大规模集成电路制作的,如 ADC0809、ADC0816、ADC7574 等都是 8 位(二进制)逐次逼近式 A/D 转换器,ADC1210 是 12 位逐次逼近式 A/D 转换器。

现以一个简单的 3 比特(3 位二进制)逐次逼近比较过程说明其原理。设基准电压 $U_s=8$ V,输入电压 $U_x=5$ V,3 比特的输出为 $Q_2Q_1Q_0$,流程图如图 3-16 所示。控制电路首先置输出 $Q_2Q_1Q_0=100$,即从最高位开始比较,**100** 经 D/A 转换器转换成 $U_o=(1/2)U_s=4$ V,加至比较器,此时 $U_x>U_o$,比较器输出为 **1**,使 Q_2 维持 **1**(留码)。在此基础上再令 $Q_1=1$,即 $Q_2Q_1Q_0=110$,加至 D/A 转换器,输出 $U_o=6$ V,因为 $U_x<U_o$,$Q_c=0$,使得刚加上的码 $Q_1=1$ 改为 $Q_1=0$(去码)。接着再令 $Q_0=1$,即 $Q_2Q_1Q_0=101$,

加至 D/A 转换器，$U_o = 5\,V$，因为 $U_x = U_o$，$Q_c = 1$，使 Q_0 维持 **1**（留码）。至此，3 位码都已顺序加过，转换结束，最终的输出 $Q_2 Q_1 Q_0 = \mathbf{101}$，即为输入电压 U_x 的数字码，经缓冲寄存器输出至译码电路，显示出十进制数据 5 V。工作波形图如图 3-17 所示。

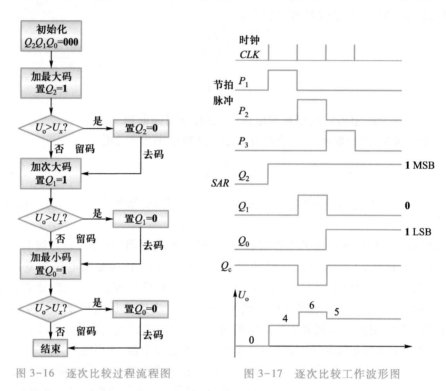

图 3-16　逐次比较过程流程图　　　　图 3-17　逐次比较工作波形图

2. 逐次逼近比较式 A/D 转换器结构

逐次逼近比较式 A/D 转换器由比较器、控制器、逐次逼近寄存器 SAR、缓冲寄存器、译码器和数模（D/A）转换器等组成，如图 3-18 所示。

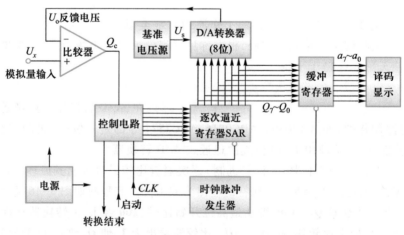

图 3-18　逐次逼近比较型 DVM 原理框图

（1）比较器

是一种特殊设计的高速高增益运算放大器,它完成输入端两电压的比较运算。在图3-18中,模拟输入电压 U_x、反馈电压 U_o 分别作用在比较器输入端,比较的原则是:若 $U_o > U_x$,则比较器输出 $Q_c = 0$（逻辑低电平）;若 $U_o \leq U_x$,则 $Q_c = 1$（逻辑高电平）。

（2）控制电路

上述过程是在控制电路依次发出的节拍脉冲的作用下完成的,由高位到低位,逐次将基准电压与被测电压进行比较。

（3）逐次逼近寄存器 SAR

SAR 是一组双稳触发器,如果是 n 位二进制的 A/D 转换器,则 SAR 中就有 n 个双稳触发器,各位的输出由控制器根据比较器的 Q_c 控制,并送往缓冲寄存器锁存和送往 D/A 转换器转换成模拟量 U_o。

（4）D/A 转换器

D/A 转换器包括基准电压源、电子开关电路和由分压分流电路组成的解码网络,其功能是将二进制数字量转换成模拟量。比如基准电压源的基准电压是 $U_s = 2.8$ V,对于 8 位 D/A 转换器,当输入数字量为 **10000000** 时,输出模拟电压为 $U_o = (128/256) \times 2.8$ V $= 1.4$ V;输入数字量为 **00000001** 时,输出模拟电压 $U_o = (1/256) \times 2.8$ V $= 10.94$ mV,可见同是二进制数码 **1**,它在二进制数中的位置不同,其所代表的值也不同,不同位置上的 **1** 所代表的值,称为权值。

图 3-19 是权电阻 D/A 转换原理图,其中 S0～S7 是电子开关,其通断对应于相应位 a_i 的取值,若 $a_i = 1$,则 Si 通;若 $a_i = 0$,则 Si 断。

▼ 练习

1. 用 8 位逐次逼近比较式 A/D 转换器转换电压。已知 $U_s = 256$ V, $U_x = 222.5$ V 和 255 V,求转换后的二进制电压值和测量的绝对误差。

2. 某双积分式 DVM,基准电压 $U_r = 6.000$ V,计数脉冲频率为 $f_c = 1$ MHz,计数器满量程 $N_t = 80\ 000$,求:

（1）测电压 $U_x = 1.500$ V 时,计数器计数值 N_2 为多少?

（2）取样时间 T_1 和反向积分时间（测量时间）T_2 各为多少?

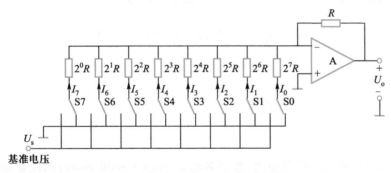

图 3-19 权电阻 D/A 转换原理图

▼ 学中做

利用斜坡式 A/D 实验板测量直流电压

当 S0 闭合（对应 n 位二进制数最低位 $a_0 = 1$）时,有

$$I_0 = \frac{U_s}{2^7 \cdot R} = I_{\min} \qquad (3\text{-}22)$$

此时若 S1～S7 均断开,则输出电压为

$$U_o = -\frac{U_s}{2^7} = U_{o\min} \qquad (3\text{-}23)$$

当 D/A 转换输入为任意二进制数字量 $a_7 a_6 a_5 a_4 a_3 a_2 a_1 a_0$ 时,输出电压

$$U_o = \sum_{i=0}^{7} a_i 2^i \cdot U_{o\min} \quad (a_i = 1 \text{ 或 } a_i = 0) \qquad (3\text{-}24)$$

▼ 延伸学习

数字多用表的使用

　　权电阻解码电路中电阻个数较少,但阻值大小不一,制造较为困难。

　　图 3-20(a)所示的 T 形解码电路虽然电阻个数较多,但电阻值仅为两种,很适宜集成制造工艺。左边两侧的等效电阻均为 $2R$,因此其节点电位($a_1 = \mathbf{1}$ 时)

$$U_i = \frac{1}{3} U_s \tag{3-25}$$

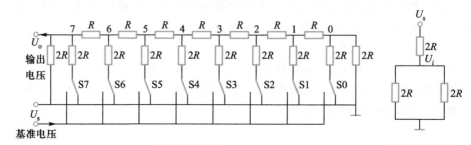

(a) T形解码电路　　　　　　　　　　(b) 节点 i 等效电路

图 3-20　T 形解码电路

微课 ▼

数字电压表的使用

　　当该节点电位传送到输出端时,要经过多节电阻网络衰减,每节衰减数均为 1/2,比如"0"节点电位传送到输出时,要经过七节电阻网络衰减,所以传送到输出端的电压为

$$U_o = \frac{1}{2^7} \cdot \frac{1}{3} U_s = U_{o\min} \tag{3-26}$$

　　根据叠加定理,对于任意二进制数 $a_7 a_6 a_5 a_4 a_3 a_2 a_1 a_0$,输出电压

$$U_o = \sum_{i=0}^{7} a_i 2^i \cdot U_{o\min} \quad (a_i = \mathbf{1} \text{ 或 } a_i = \mathbf{0}) \tag{3-27}$$

微课 ▼

航空电子信号采集
系统电压测量

3.4　数字多用表

　　与普通的模拟式多用表相比,数字多用表(digital multi-meter)的测量功能较多,它不但能测量直流电压、交流电压、交流电流、直流电流和电阻等参数,而且能测量信号频率、电容器容量及电路的通断等。除以上测量功能外,还有自动校零、自动显示极性、过载指示、读数保持、显示被测量单位的符号等功能。它的基本测量方法以直流电压的测量为基础。测量时,先把其他参数变换为等效的直流电压 U,然后通过测量 U 获得所测参数的数值。

　　和模拟直流电压表前端配接检波器即可构成模拟交流电压表一样,在数字直流电压表前端接相应的交流-直流转换器(AC/DC)、电流-电压转换电路(I/U)、电阻-电压转换电路(Ω/V)等,就构成了数字多用表,如图 3-21 所示。可以看出,数字式多用表的核心是数字直流电压表。由于直流数字电压表是线性化显示的仪器,因此要求其前端配接的 AC/DC、I/U、Ω/V 等变换器也必须是线性变换器,即变换器的输出与输入间呈线性关系。

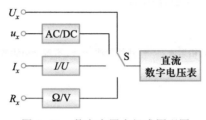

图 3-21 数字多用表组成原理图

1. 线性 AC/DC 变换器

数字多用表中的线性 AC/DC 变换器主要有平均值 AC/DC 和有效值 AC/DC。有效值 AC/DC 可以采用前面介绍的热偶变换式和模拟计算式。平均值 AC/DC 通常利用负反馈原理以克服检波二极管的非线性,从而实现线性 AC/DC 转换。图 3-22 是线性平均值检波器的原理图,其中图(a)为运算放大器构成的负反馈放大器,图(b)是半波线性检波电路,图(c)是输入输出波形。

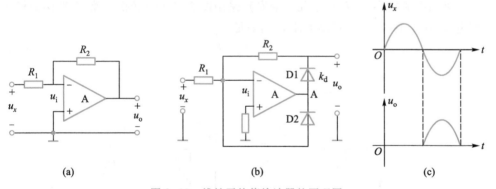

图 3-22 线性平均值检波器的原理图

在图 3-22(a)中,设运放的开环增益为 k,并假设其输入阻抗足够高(实际的运放一般能满足这一假设),则

$$u_o \approx -\frac{R_2}{R_1} u_x \qquad (3-28)$$

即由于反馈电阻 R_2 的负反馈作用,放大器的输出和输入间成线性关系,而与运放的开环增益无关。基于上述原理,分析图 3-32(b)电路的特性:在 u_x 负半周,A 点电压 u_A 为正值,D1 导通,设 D1 检波增益为 k_d,则 $u_o / u_i = -k \cdot k_d$,由于 k 值很大,因而 $k \cdot k_d$ 值也很大,引入图 3-32(a)分析结论,此负半周 u_o 输出满足式(3-28),而与 k_d 变化基本无关,这就大大削弱了 D1 伏安特性的非线性失真,而使输出 u_o 线性正比于被测电压 u_x。在 u_x 正半周,u_A 为负值,D2 导通,D1 截止,考虑运放的"虚短路"特性,u_o 被钳位在 0 V。这样,图 3-22(b)就构成了线性半波检波器,输入输出波形如图 3-22(c)所示。为了提高检波器灵敏度,图 3-22(b)在实际数字电压表的 AC/DC 变换器中,为了增加检波器输入阻抗,其前面加接一级同相放大器(源极跟随器、射极跟随器),

输出端加接一级有源低通滤波器以滤除交流成分,获得平均值输出,从而构成了图 3-23 所示的线性平均值 AC/DC 变换器结构。

图 3-23   线性平均值 AC/DC 变换器结构

2. I/U 变换器

将直流电流 I_x 变换成直流电压最简单的方法,是让该电流流过标准电阻 R_s,根据欧姆定律,R_s 上的端电压 $U_{R_s} = R_s \cdot I_x$,从而完成了 I/U 线性转换。为了减小对被测电路的影响,电阻 R_s 的取值应尽可能小,图 3-24 是两种 I/U 变换器的原理图。图3-24(a)采用高输入阻抗同相运算放大器,不难算出输出电压 U_o 与被测电流 I_x 之间满足

$$U_o = \left(1 + \frac{R_2}{R_1} \right) R_s \cdot I_x \tag{3-29}$$

当被测电流较小时(I_x 小于几个毫安),采用图 3-24(b)转换电路,忽略运放输入端漏电流,输出电压 U_o 与被测电流 I_x 间满足

$$U_o = -R_s \cdot I_x \tag{3-30}$$

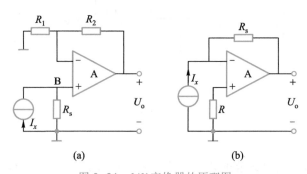

图 3-24   I/U 变换器的原理图

3. Ω/V 变换器

实现 Ω/V 变换的方法有多种,图 3-25 是恒流法 Ω/V 变换器原理图。图中 R_x 为待测电阻,R_s 为标准电阻,U_s 为基准电源,该图实质上是由运算放大器构成的负反馈电路,利用前面的分析方法,可以得到

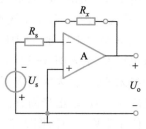

$$U_o = \frac{U_s}{R_s} \cdot R_x \tag{3-31}$$

即输出电压与被测电阻成正比,$\frac{U_s}{R_s}$ 实质上构成了恒流源,改变 R_s,可以改变 U_o 的量程。

图 3-25   恒流法 Ω/V
变换器原理图

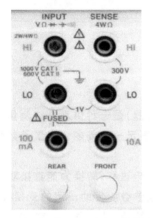 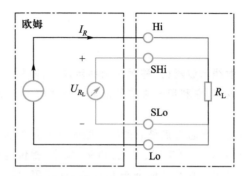
本章小结 ∎∎∎∎∎∎

　　1. 电压是基本的电参数,其他许多电参数可看作电压的派生量,电压测量方便,因此电压测量是电子测量中最基本的测量。

　　2. 按测量结果的显示方式可将电子电压表分为模拟式和数字式两大类。

　　3. 一个交流电压可用峰值 U_p、平均值 $\overline{U}$ 和有效值 U 表征其大小,三者之间的关系用波形因数 K_f 和波峰因数 K_p 联系。

　　4. 交流电压表一般都以正弦交流电压有效值标度。测量非正弦波时,应根据电压表 AC/DC 变换器(检波器)类型及波形的 K_f 和 K_p 值进行波形换算,否则将带来较大的波形误差。

　　5. 交流电压表最基本的结构是 AC/DC 变换器(检波器)后接直流电压表。根据其所用的检波器不同,可分为均值电压表、峰值电压表和有效值电压表。由于不同电压表的测量范围、频率宽度不同,因而各有其适用场合。

　　6. 数字式电压表的核心是 A/D 转换器,A/D 转换器最基本的两种类型是积分型和比较型。前者抗干扰能力强,测量精度高,但测量速率低;后者测量速度快,但抗干扰能力差。总的来说,积分式特别是双斜积分式 DVM 性能较优,应用较广泛。

　　7. 直流数字电压表 DVM 配接上 Ω/V、I/U、AC/DC 等变换器就形成数字多用表 DMM。较之模拟式多用表,数字多用表具有测量功能多、测量精度高及具有某些自动功能等优点,因而获得越来越广泛的应用。

电子射线示波器(又称阴极射线示波器,简称示波器)是一种供观察或测量各种电气参数的仪器,它利用一束或多束电子射线的偏移来表示一个或多个变量函数瞬时值的图像。

示波器的显著特点是它能将人眼无法看见的各种电过程,转换为能直接观测的光现象,从而可以观测电压、电流、功率、频率、相位等电参数。借助一定的变换设备,示波器也可以用来观测其他非电物理量,如温度、压力、距离,以及声、光、热、磁效应等。甚至某些生理现象,如心脏跳动、大脑皮质的活动等,经过一些特殊装置的转换,也可显示在示波器屏幕上。故示波器是一种最为常用的时域测量仪器。

目前,示波器已成为广泛用于科学实验与产品的研发、生产、维修中的"万用仪器"。此外,在许多尖端设备和仪器中,例如雷达、频谱分析仪、时域反射计、时域网络分析仪等,示波器已成为必备的组成部分。

学习目的与要求

通过完成测试任务,掌握示波器的工作原理、技术指标,合理选择测量仪器;掌握示波器的误差减小方法,合理选择测量方法;熟悉示波器的键钮分布及具体功能,通过示波器完成对信号波形的观察和记录,并对波形的周期、频率、幅度以及相位差等参数进行测量。

课件 ▼
第 4 章

测量任务 ▼
完成航空电子信号采集系统 A/D 采样电路测量

4.1 概　述

信号是运载消息的工具,是消息的载体。从广义上讲,它包含光信号、声信号和电信号等。例如,古代人利用点燃烽火台而产生的滚滚狼烟,向远方军队传递敌人入侵的消息,这属于光信号;当我们说话时,声波传递到他人的耳朵,使他人了解我们的意图,这属于声信号;遨游太空的各种无线电波、四通八达的电话网中的电流等,都可以用来向远方表达各种消息,这属于电信号。人们通过对光、声、电信号进行接收,才知道对方要表达的消息。

电信号分为模拟信号和数字信号。模拟信号分布于自然界的各个角落,如每天温度的变化,而数字信号是人为地抽象出来的在时间上不连续的信号。

电学上的模拟信号主要是指幅度和相位都连续的电信号,也就是用连续变化的物理量表示的信息,其信号的幅度、频率或相位随时间作连续变化,如目前广播的声音信号,或图像信号等。此信号可以被模拟电路进行各种运算,如放大、相加、相乘等。

图 4-1 就是一个幅值为 5 V、周期为 100 ms 的电压波形。

图中电压的幅值按照正弦波形周期性地变化,图中显示了一个完整的波形,起始相位为零。正如我们在模拟电路中所学习的,周期性模拟信号的基本参数之一是频率,也可以用周期表示。通常频率用 f 表示,单位为赫兹(Hz);周期用 T 表示,单位为秒(s)。二者之间的关系是互为倒数。图 4-1 中已知电压波形的周期 $T=$ 100 ms,则频率为 10 Hz,该电压的幅值介于 $-5 \sim 5$ V 之间。

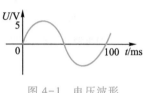

图 4-1　电压波形

这种电压(或电流)与时间呈一定关系变化的信号波形是典型的时域信号,可以利用电子示波器来进行观察。

电子示波器简称"示波器",是一种用来直接观察电量随时间变化过程的仪器。随着电子科学技术的不断发展,示波器除了能对电信号作定性的观察外,还能用来进行一些定量的测定。例如:能够用它进行各种电信号的电压、频率、相位、周期等电量的测量。若配备一些数字电路,就具有直读数字数据的测量功能。图 4-1 中的电压波形就可以利用电子示波器来进行观察。

示波器是一种用来显示某一输入信号与时间关系的快速 X-Y 记录器。为了完成 X-Y 高速记录器的功能,示波器必须具有许多相应的电子部件。例如:在 X 方向必须有随时间变化的锯齿波发生器及 X 放大器等水平系统;在 Y 方向必须有放大或衰减输入信号的垂直系统等。

一、示波管

示波管是电子示波器的显示器件,也是示波器的心脏。近年来,许多新型的光显示器件有了很大的发展,例如电发光阵、砷化镓二极管固态光发射阵、液晶离子器件等。但是,电子射线管(CRT)仍然是目前示波器的重要显示器件。

示波管按不同方法分类,可分为许多类型。例如,按电子射线偏转方法不同,分为磁偏转型和静电偏转型,后者为目前示波器的常用偏转方式;按射线数目又分为:单线、双线和多线显示管;按显示余辉时间长短分为标准余辉、存储型和可变余辉等。

CRT 主要由电子枪、偏转系统和荧光屏三部分组成,如图 4-2 所示。

1. 电子枪

电子枪的作用是发射电子并形成很细的高速电子束,它由灯丝 F、阴极 K、控制栅极 G 和阳极 A1、A2 组成。

▶学习引导问题

示波器是用什么样的方式在屏幕上画出一条条的波形曲线来的呢?示波器控制着一支什么样的"画笔"呢?它是怎样控制这支"画笔"的呢?

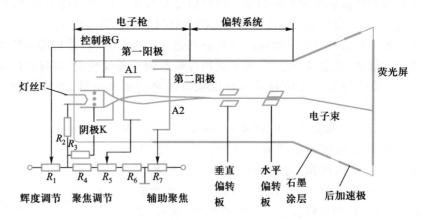

图 4-2　电子射线管的基本结构

通过调节 G 对 K 的负电位可控制电子束发射电子数量,从而调节光点的亮度,即进行"辉度"控制。

调节 A1 的电位器称为"聚焦"旋钮,通过对它进行调节可调节 G 与 A1 和 A1 与 A2 之间的电位;调节 A2 电位的旋钮称为"辅助聚焦"。

电子枪的原理:电子从阴极 K 发射,经 G、A1、A2 聚焦和加速后进入偏转系统。

2. 偏转系统

示波管的偏转系统由两对相互垂直的平行金属板组成,分别称为垂直偏转板和水平偏转板 。

当有外加电压作用时,偏转板之间形成电场;在偏转电场作用下,电子束打向由 X、Y 偏转板共同决定的荧光屏上的某个坐标位置。

为了使示波器有较高的测量灵敏度,Y 偏转板置于靠近电子枪的部位,而 X 偏转板在 Y 偏转板的右边。

图 4-3 所示为电子经过 A2 阳极后,通过 Y 偏转板的示意图。

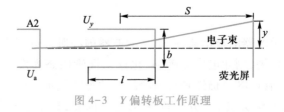

图 4-3　Y 偏转板工作原理

电子束在偏转电场作用下的偏转距离与外加偏转电压成正比:

$$y = \frac{lS}{2bU_a}U_y \qquad (4-1)$$

式中,l 为偏转板的长度;S 为偏转板中心到屏幕中心的距离;b 为偏转板间距;U_a 为阳极 A2 上的电压。

示波管的 Y 轴偏转灵敏度(单位为 cm/V)为

$$S_y = \frac{lS}{2bU_a} \tag{4-2}$$

3. 荧光屏

荧光屏将电信号变为光信号,是示波管的波形显示部分。

示波管的屏幕是在它的管面内壁涂上一层磷光物质来形成的,这种磷光物质在高速电子轰击下,将电子的动能转化为光能,荧光屏会发出绿、黄等各种颜色的可见光,形成光点。

当电子束停止轰击荧光屏时,发光度下降至初始值的 10% 所需的时间,称为"余辉时间"。通用示波器常用中余辉示波管($10^{-3} \sim 10^{-1}$ s);高频示波器为防止余辉时间过长而使图像模糊,常采用短余辉示波管(小于 10^{-3} s,最短到 10^{-8} s);超低频示波器,记忆示波器一般采用长余辉示波管(大于 10^{-1} s)。

> **提 示**
>
> 其倒数 D_y ($= S_y^{-1}$) 为示波管的 Y 轴偏转因数。偏转灵敏度越大,示波管越灵敏。为提高 Y 轴偏转灵敏度,可在偏转板至荧光屏之间加一个后加速阳极 A3。

二、波形显示原理

1. 电子束的运动

示波器能用来观测信号波形是基于示波管的线性偏转特性,即电子束的偏转距离正比于加到偏转板上的电压大小。由于电子束沿水平和垂直方向上的运动是相互独立的,打在荧光屏上亮点的位置就取决于两副偏转板上的电压,一般有下面三种情况:

(1)若两个偏转板不加任何电压,此时光点出现在荧光屏的中心位置。

(2)X、Y 偏转板上分别加变化电压,又有下面两种情况:仅在垂直偏转板的两板间加正弦变化的电压,如图 4-4(a)所示;仅在水平偏转板的两板间加锯齿电压,如图 4-4(b)所示。

> **提 示**
>
> 高速电子轰击荧光屏后,有相当大一部分能量转化为热能,因此,使用示波器不能使光点长时间停留在某一点上,也不能使光点长久地描绘同一曲线。因此在示波器开启后不使用的时间内,可将"辉度"调暗。

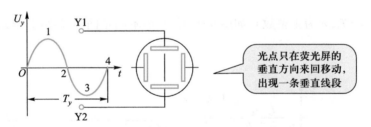

(a)只在垂直偏转板的两板间加正弦变化的电压

> **▼ 微课**
>
> 波形显示原理

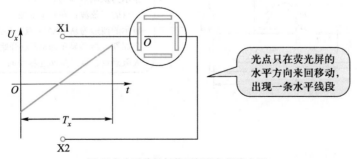

(b)只在水平偏转板的两板间加锯齿电压

图 4-4 X、Y 偏转板上分别加变化电压

（3）Y 偏转板加正弦波信号电压，X 偏转板加锯齿波电压，如图 4-5 所示显示一个完整的信号。

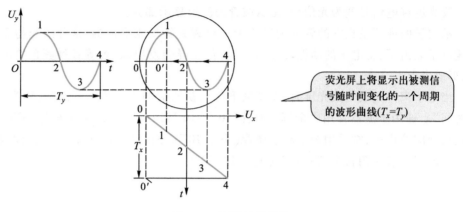

图 4-5 波形显示原理

2. 扫描的概念

光点在锯齿波作用下扫动的过程称为"扫描"，能实现扫描的锯齿波电压称为扫描电压，光点自左向右的连续扫动称为"扫描正程"，自荧光屏的右端迅速返回左端起扫点的过程称为"扫描逆程"或"扫描回程"。

3. 同步的概念

（1）$T_x = nT_y$（n 为正整数），荧光屏上将稳定显示 n 个周期的被测信号波形。如果扫描电压周期 T_x 与被测电压周期 T_y 保持 $T_x = nT_y$ 的关系，则称扫描电压与被测电压"同步"。

（2）$T_x \neq nT_y$（n 为正整数），如图 4-6 所示，即不满足同步关系时，显示的波形不稳定。

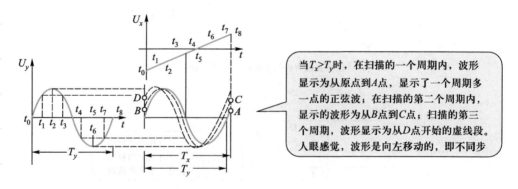

图 4-6 不同步时的波形

4. 连续扫描和触发扫描

扫描电压是连续的方式称为连续扫描。当欲观测脉冲信号，尤其是占空比很小的脉冲时,采用连续扫描存在一些问题:如选择扫描周期等于脉冲重复周期时,难以看清脉冲波形的细节,如图 4-7(a)所示;选择扫描周期等于脉冲底宽时,观测者不易观察波形,而且扫描的同步很难实现。

扫描脉冲只在被测脉冲到来时才扫描一次;没有被测脉冲时,扫描发生器处于等待工作状态,就称为触发扫描,如图 4-7(b)所示,能较好地观察脉冲波形的细节。

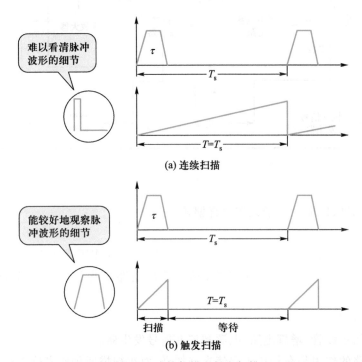

图 4-7 连续扫描和触发扫描

5. 增辉与消隐

扫描分为正程和回程,通常扫描回程需要一定的时间,但对于观测者而言,在回程时并不需要显示光迹。为使回程期间产生的波形不显示,可以设法在正程期间使电子枪发射更多的电子,给示波管增辉,回程期间不发射电子。也可以在扫描正程期间向示波管的控制栅极 G 送正的方波脉冲,或给阴极 K 加上负的方波脉冲,都可以加速电子射线运动的速度,从而使荧光屏上的图像更亮一些。

一般要求增辉脉冲的持续时间最好等于扫描电压工作期的时间,并且幅度要足够。

三、示波器基本结构

以示波管为核心加上若干外围电路,构成的示波器应当包含三个主要组成部分,如图 4-8 所示。

1. Y 轴系统(垂直系统)

由衰减器、放大器及延迟线等组成。其主要作用是传递和放大被测信号电压,使

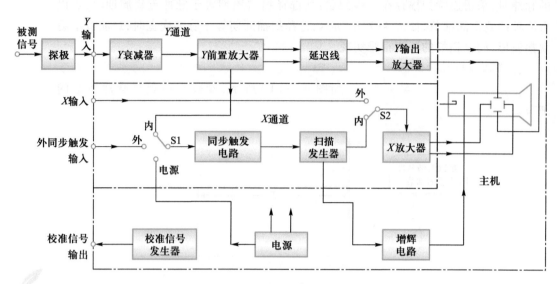

图 4-8　示波器方框图

之达到适当幅度,以驱动电子束作垂直偏转。

2. X 轴系统(水平系统)

由同步触发电路、扫描发生器及 X 放大器组成。其作用是产生扫描锯齿波并加以放大,以驱动电子束进行水平扫描;触发整形电路则保证荧光屏上显示的波形稳定。

3. 主机系统

主要包括示波管、增辉电路、电源和校准信号发生器。

增辉电路的作用是在扫描正程使光迹加亮,而在扫描回程使光迹消隐。

电源电路将交流市电变换成多种高、低压电源,以满足示波管及其他电路工作需要。

校准信号发生器则提供峰-峰值 1 V、频率为 1 kHz 的标准方波信号,用作校准示波器的有关性能指标。

练习 ▼

1. 通用示波器的组成部分分别为:
_____、_____、
_____。
2. 示波器的同步条件是什么?

一、示波器的分类

示波器的种类很多,分类方式亦不相同,下面是示波器的常用分类方式。

示波器按结构来分,有便携式、台式和架式。

按观察显示时间来分,有实时示波器和非实时示波器。

按使用的示波管来分,有单线式、双线式、多线式示波器、记忆示波器、行波示波器。

如果按功能来分,可分为以下五类。

(1)通用示波器,采用单束示波管,能定性和定量观测信号。

(2)多束示波器(亦称多线示波器),采用多束示波管,能实时观察和比较两个以上的波形。

(3)取样示波器,采用取样技术将高频信号转化为低频信号,然后再进行显示,能观测高频和窄脉冲信号。

(4)记忆、存储示波器,具有记忆、存储信号的功能,能观察单次瞬变过程、非周期现象、低频和慢速信号及不同地点观测到的信号。采用记忆示波管记忆波形的称为记忆示波器;采用数字技术带微处理器的称数字存储示波器,如JC2022M。

(5)特种示波器,能满足特殊用途或具有特殊装置的专用示波器。

二、示波器的技术指标

1. 测试功能

说明该仪器所具备的全部测试功能。一般具有测量电压峰峰值、幅度值、测量周期、测量时间间隔、测量相位差等功能。

2. 测量带宽

测量带宽指 Y 通道的频带宽度。垂直通道的上升时间 t_r 与带宽 BW 密切相关,$BW \cdot t_r \approx 0.35$,反映示波器跟随输入信号快速变化的能力。

3. 扫描速度

扫描速度有时简称扫速,指显示器上单位时间光点水平移动的距离,即 cm/s。通常用间隔1 cm的坐标线作为刻度线,单位为 div/s。

时基因数:扫速的倒数,表示光点移动单位距离需要的时间,单位为 s/cm 或 s/div,按 1、2、5 步进分挡。

4. 偏转因数

在输入信号作用下,光点在显示器垂直方向移动 1 cm(即 1 格)所需的电压值,称为偏转因数,单位为 V/cm、mV/cm 或 V/div、mV/div。偏转因数表示示波器 Y 通道的放大/衰减能力。

垂直(偏转)灵敏度:偏转因数的倒数,单位为 div/V、div/mV。

5. 输入阻抗

输入阻抗 Z_i 形成被测信号的等效负载(高阻、低阻 // 电容)。

6. 耦合方式

耦合方式包括直流(DC)、交流(AC)和接地(GND)。

7. 触发源

触发源用于提供产生扫描电压的同步信号,触发方式分为内触发(INT)、外触发(EXT)、电源触发(LINE)等。

▼ 延伸学习
一种通用示波器的技术指标

▼ 学中做
选择测量所需示波器,填写 A/D 采样电路测量计划工作单

▼ 微课
示波器 Y 通道工作原理

三、示波器的垂直通道

用示波器观测信号时,欲使荧光屏显示的波形尽量接近被测信号本身具有的波形,则要求Y系统必须准确地再现输入信号。Y通道要探测被测信号,并对它进行不失真的衰减和放大,还要具有倒相作用,以便将被测信号对称地加到Y偏转板。另外为了和X轴系统相配合,Y轴系统还应具有延时功能,并能向X通道提供内触发源。因此它必须具有以下结构,如图4-9所示。

学习引导问题

1. 示波器Y通道中的延迟级能在前置放大器前引出吗?为达到一般的延迟要求,延迟线能使用普通导线吗?为什么?
2. Y通道中,前置放大器和后置放大器分别有什么样的要求?
3. 探头的引入有什么作用?
4. 什么是交替显示?什么是断续显示?用什么信号来控制电子开关通断?

U_y
输入电路
前置放大器
延迟线
后置放大器
Y偏转板
触发放大器
X通道

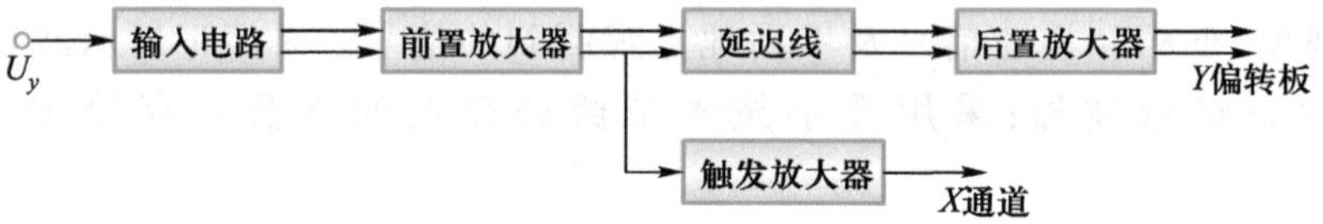

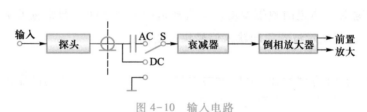

图4-9　Y通道基本结构

1. 输入电路

其基本作用是引入被测信号,为前置放大器提供良好的工作条件。并在输入信号与前置放大器之间起阻抗变换、电压变换的作用。输入电路必须具有适当的输入阻抗、较高的灵敏度、大的过载能力、适当的耦合方式,尽可能靠近被测信号源,一般采取平衡对称输出。输入电路的组成如图4-10所示。

提　示

使用探头后,示波器的等效输入电阻 $R=R_p+R_i=10\ \text{M}\Omega$,等效输入电容 $C=C_p\cdot C_i/(C_p+C_i)$。提高了输入电阻,减小了输入电容,对于频率小于30 MHz以下的信号适用。此时衰减比为10∶1。

输入
探头
AC
S
DC
衰减器
倒相放大器
前置
放大

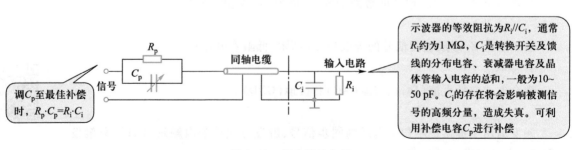

图4-10　输入电路

(1) 探头

使用探头的目的是为了提高示波器的输入阻抗,扩展带宽,减小失真。探头有无源和有源两种。有源探头具有良好的高频特性,分压比为1∶1,适用于探测高频小信号。无源探头应用广泛,常用分压比为10∶1或100∶1。图4-11为探头的等效电路。

R_p
C_p
信号
同轴电缆
输入电路
C_i
R_i
调C_p至最佳补偿时,$R_p\cdot C_p=R_i\cdot C_i$
示波器的等效阻抗为$R_i//C_i$,通常R_i约为1 MΩ,C_i是转换开关及馈线的分布电容、衰减器电容及晶体管输入电容的总和,一般为10~50 pF。C_i的存在将会影响被测信号的高频分量,造成失真。可利用补偿电容C_p进行补偿

图4-11　探头等效电路

（2）输入耦合方式

设有 AC、GND、DC 三挡选择开关。观察交流信号时，置"AC"挡；确定零电压时，置"GND"挡；观测频率很低的信号或带有直流分量的交流信号时，置"DC"挡。

（3）输入衰减器

输入衰减器用来衰减输入信号，以保证显示在荧光屏上的信号不致因过大而失真。它常由一系列 RC 分压电路组成，其原理示意图如图 4-12 所示。

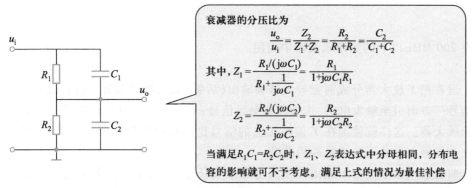

衰减器的分压比为

$$\frac{u_o}{u_i}=\frac{Z_2}{Z_1+Z_2}=\frac{R_2}{R_1+R_2}=\frac{C_2}{C_1+C_2}$$

其中，$Z_1=\dfrac{R_1/(j\omega C_1)}{R_1+\dfrac{1}{j\omega C_1}}=\dfrac{R_1}{1+j\omega C_1R_1}$

$Z_2=\dfrac{R_2/(j\omega C_2)}{R_2+\dfrac{1}{j\omega C_2}}=\dfrac{R_2}{1+j\omega C_2R_2}$

当满足 $R_1C_1=R_2C_2$ 时，Z_1、Z_2 表达式中分母相同，分布电容的影响就可不予考虑。满足上式的情况为最佳补偿

图 4-12　输入衰减器原理图

改变分压比即可改变示波器的偏转因数。这个改变分压比的开关即为示波器垂直偏转因数粗调开关，在面板上常用 V/cm 或 V/div 标记。例如 SRM-10A 型示波器的垂直偏转因数就是从 0.05~20 V/cm 分 9 挡步进衰减的。

（4）倒相放大器

把单端输入信号转换成平衡输出，以便于进行高增益宽带直流放大。目前示波器 Y 通道的频率下限大都为直流，零点漂移是直流放大器的重要技术指标。为了减小零点漂移，Y 通道中的放大器都用平衡式放大电路，这就需要把单端输入信号转换成平衡输出。目前最常采用的是差分式倒相放大器，它具有对称性好、频带宽，有放大能力的优点。它能将单端输入转换为双端输出。

2. 延迟线

延迟线的作用就是把加到垂直偏转板的脉冲信号也延迟一段时间，使信号出现的时间滞后于扫描开始时间，这样就能够保证在屏幕上可以扫出包括上升时间在内的脉冲全过程。

如果没有延迟线，就会出现如图 4-13 所示现象。

通用示波器的延迟时间范围一般为 60~200 ns。对延迟时间的准确度没有严格要求，但延迟时间要稳定，否则会产生图像在水平方向的漂移或晃动现象。延迟线应有足够宽的频带和良好的频率特性，以便无失真的传送被测信号。延迟线有分布参数和集中参数两种，前者频带宽，适用于高频示波器，后者频带窄，适用于低频示波器。

目前宽带示波器较广泛地使用平衡螺旋导体式延迟线。它由五部分组成：用电介质或磁性材料作的芯轴；带有绝缘层的螺旋形内导体；编织型外导体；内外导体间的高频电介质；保护用的外绝缘层，圈与圈形成网络形式，电感、电容参数均匀分布。其特性阻抗为 100~500 Ω，单位长度延迟时间为 50~500 ns/m，最高可达 2 μs/m，可

图 4-13   没有延迟线

以在 200 MHz 以下的宽带示波器中应用。

3. Y 放大器

通常把 Y 放大器分成前置放大器和输出（后置）放大器两部分。前置放大器的输出信号一方面引至触发电路，作为同步触发信号；另一方面经过延迟线延迟以后引至输出放大器。这样就使加在 Y 偏转板上的信号比同步触发信号滞后一定的时间，保证在荧光屏上可看到被测脉冲的前沿。

前置放大器担负着 Y 通道的主要电压放大任务，其输出电压要达到足以推动输出级所需电平，因此需要采用多级放大，并满足相应的带宽。并要设置各种调整元件，如位移、极性、微调、校准等开关。

输出放大器基本作用是把从延迟级送来的信号放大到足够大的幅度加到 Y 偏转板，使电子射线在 Y 方向获得足够的满偏转。输出放大器是一个宽带大信号线性放大器，大多采用多级双管组合放大，常用的是共射-共集组合放大或共射-共基组合放大器。

输出放大器中设有一个短路器，它可大大降低通道的增益和直流电平。接通短路器，可把超出屏幕的波形拉回到屏幕上，以便使测量者找到波形的位置。控制这个短路器的开关称为"寻迹"。

4. 双踪显示

为满足同时观测或比较两个信号，示波器中常采用双线示波器或双踪示波器。

双线示波器是采用双枪示波管或单枪双束示波管同时显示两个波形的示波器。它的电路结构与通用示波器相似，只是具有两套独立的垂直系统和两套（或一套）水平系统。

双踪示波器是利用电子开关使其能够同时显示两个被测信号波形的示波器。在它的 Y 偏转板上轮流地接入两个被测信号，这种按照时间分割原理构成的示波器称为双踪示波器。

为说明通道转换器（电子开关）的原理，用图 4-14 来示意。

电子开关有三种显示状态：

① S1、S2、S7、S8 断开，S3、S4、S5、S6 导通，A 通过，B 阻断，称为"A"状态。

② S1、S2、S7、S8 导通，S3、S4、S5、S6 断开，B 通过，A 旁路，称为"B"状态。

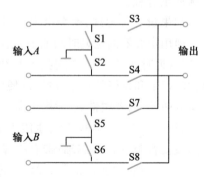

图 4-14   通道转换器示意图

③ S1、S2、S5、S6 断开,S3、S4、S7、S8 导通,此时两路输入信号都可以顺利地传送到输出端,并在负载中相互叠加,称为"$A±B$"状态。"$±$"号决定于 A、B 信号的相位。

通道转换器速率高达几百千赫,必须采用电子开关,各开关元件可用二极管、三极管或场效应管。人眼的视觉惰性为 24 次/秒,即一秒内重复 24 次以上的连续的闪烁现象就视为连续现象。利用荧光屏上的余辉时间,用频率大于 24 Hz 的转换电路控制信号,使电子射线描绘完 A 路波形后,立即转入描绘 B,再描绘 A,这样不断反复,屏幕上便呈现出 A、B 两路信号。

下面重点讨论两种显示方式原理。

（1）交替显示

满足 $f_n<f_x$,且 f_n 与 f_x 成整数比。双踪示波器工作于此方式时,电子开关的转换频率受扫描电路控制,以一个扫描周期为间隔,电子开关轮流接通 CH1 和 CH2,如图 4-15 所示。随着扫描的重复,轮流显示 u_1 与 u_2 的波形。

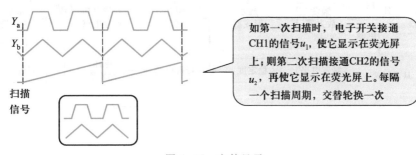

如第一次扫描时，电子开关接通 CH1的信号u_1,使它显示在荧光屏上；则第二次扫描接通CH2的信号 u_2,再使它显示在荧光屏上。每隔一个扫描周期，交替轮换一次

图 4-15　交替显示

提 示
各开关在断开时,应该有很大的阻抗,在导通时,则应有很小的阻抗。这样,被选择的信号才能顺利通过,被阻断的信号才能有效地隔除。

因为扫描的频率较高(大于 24 次/秒),两个信号轮流显示的速度很快,加之荧光屏有余辉时间和人眼有视觉滞留效应的原因,从而获得两个波形似乎同时显示的效果。但当扫描频率较低,就可能看到交替显示波形的过程。因此这种显示方式只适用于被测信号频率较高的场合。

（2）断续

满足 $f_n>f_x$,且 f_n 与 f_x 成整数比。在扫描信号的一个周期内,电子开关在 CH1、CH2 通道快速轮流切换,比较两个低频或单次信号,如图 4-16 所示。由于余辉和视觉的暂留效应,人眼看到的波形好像是连续波形。在这种显示方式下,由于 f_n 很高(一般为 100 kHz~1 MHz),间断时间比显示图像的时间短得多,可以将它看作是一种准实时显示。因此,这种显示方式可以观测持续时间长于间断时间的单次信号。

提 示
要得到稳定而清晰的图像,必须使开关的转换频率 f_n 与被测信号频率 f_x 成整数比。

提 示
交替显示方式只适用于被测信号频率较高的场合;而断续显示方式只适用于被测信号频率较低的场合。

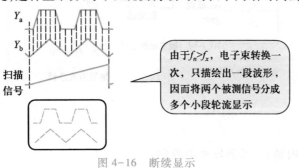

由于$f_n>f_x$,电子束转换一次，只描绘出一段波形,因而将两个被测信号分成多个小段轮流显示

图 4-16　断续显示

学习引导问题 ▼

1. 内、外触发和电源触发各自适用于什么场合?

2. 时基闸门的输出信号有哪三个作用?

3. 连续扫描和触发扫描有什么不同?

4. 扫描电压产生电路是如何产生线性锯齿波的? 锯齿波的斜率如何调节?

5. 释抑电路是如何工作的? 它有什么作用?

四、示波器的水平通道

示波器水平通道的主要任务是:产生并放大一个与时间成线性关系的电压,该电压使电子束沿水平方向随时间线性偏移,形成时间基线;能选择适当的触发或同步信号,并在此信号作用下产生稳定的扫描电压,以确保显示波形的稳定;能产生增辉或消隐信号,去控制示波器的 Z 通道。

为了完成上述功能,通用示波器的 X 通道最少包括如图 4-17 所示的触发电路、扫描发生器环和水平放大电路,以及相关的调节电路。

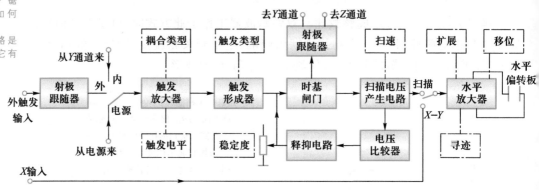

图 4-17　水平系统的组成原理图

1. 触发电路

触发电路包括外触发输入跟随器、触发信号放大器、触发脉冲形成器,以及和它相关的选择开关,如图 4-18 所示。外触发输入跟随器增加输入阻抗,减小对外触发源的影响。触发信号放大器对触发信号进行电压放大,以提高触发信号前沿的陡度,减小触发延时。触发脉冲形成器把触发信号变成一个前沿陡峭、宽度适当的脉冲。

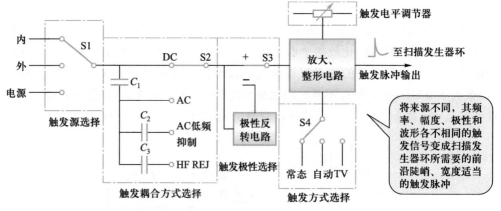

图 4-18　触发电路组成

(1) 触发源的选择

触发源包括内触发、外触发和电源触发。

　　内触发信号来自 Y 通道,它能使扫描电压与被测信号同步。内触发是最常用的触发源。

　　外触发信号是外接的,它的周期应与被测信号有一定的关系,常用于被测信号不适合作为触发信号的情况下。

　　电源触发信号来自示波器内部电源引出的 50 Hz 工频电压,它适于观测与工频电压相关的各种信号。

（2）耦合方式选择

　　触发信号送入触发放大器有两种耦合方式:直流耦合和交流耦合。

　　在触发扫描,内触发、直流耦合时,若调节作为触发信号的那路波形的 Y 位移,则波形起点随之改变。当位移调节过大时,可能停止扫描。

　　在交流耦合中,有高频抑制和低频抑制两种耦合方式。在高频抑制状态,触发信号中的高频分量被抑制,从而削弱了高频噪声对触发的影响。在低频抑制状态,触发信号的低频分量被抑制,从而削弱了低频干扰对触发的影响。当然,频率的高低是相对的,在带宽不同的示波器中,高频或低频抑制的范围是不同的。

▼微课
扫描发生器环工作原理

（3）触发方式选择

　　触发方式有常态、自动、单次、电视等。

　　常态触发方式下,当没有触发信号时,扫描发生器不工作,屏幕上只有一个光点;当有适当幅度的触发信号输入时,扫描发生器能在触发信号激励下产生扫描。

　　自动触发方式下,当没有同步信号时,扫描发生器呈振荡状态,屏幕上有时间基线,这便于观测和校准时间基线在屏幕上的位置。当有同步信号时,扫描发生器按同步方式工作。"自动"扫描方式不宜观测脉冲信号和频率很低的信号。

　　单次触发方式下,扫描发生器只能在触发信号激励下产生一次扫描,然后处于闭锁状态,不再接受触发信号。如需进行第二次扫描,必须先恢复扫描发生器为等待状态。单次触发用来观测单次瞬变信号和非周期信号。

　　电视触发方式用来观测电视信号。为了测试电视设备,目前很多示波器有"电视"触发功能。电视信号比较特殊,它是由场同步、行同步、图像信号等组合而成。为了在示波器上稳定地显示出电视信号的波形,示波器的扫描发生器必须和场同步脉冲或行同步脉冲同步,而不能让随机性的图像信号干扰扫描发生器的工作。对于具有"电视"触发功能的示波器,它的触发脉冲产生器除具有一般示波器的触发的功能外,还具有两个功能:其一,不让图像信号进入触发脉冲发生器;其二,能从电视信号中分离出场同步脉冲或行同步脉冲。

（4）触发极性和触发电平的选择

　　触发极性和触发电平用来选择在触发信号波形的哪一点上产生触发脉冲,如图 4-19 所示。所谓触发极性是指触发点斜率极性,它是指触发点位于触发信号的上升段还是下降段。若为上升段则为正极性(正斜率)触发,若位于下降段,则为负极性(负斜率)触发。所谓触发电平是指触发点位于触发信号波形的哪一点电平。

2. 扫描发生器环

　　扫描发生器环也称为时基电路,它是 X 通道的核心。其作用是产生一个与时间呈线性关系的扫描电压。为了在屏幕上稳定地显示信号波形,时基电路产生的扫描

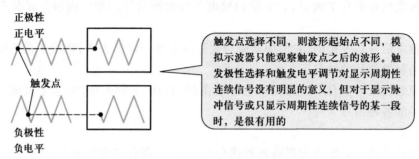

图 4-19　触发极性和触发电平

电压必须与被测信号同步。

　　扫描发生器环,其所以称之为"环",是由于组成它的时基闸门、扫描发生器、电压比较器和释抑电路组成一个闭合环路。

　　(1)扫描发生器

　　扫描发生器是一种锯齿波产生器,目前多采用线性极好的密勒积分器。其输入是来自时基闸门的负脉冲,其输出为宽度为 T_f,输出周期为 T 的锯齿波,如图 4-20(a)所示。

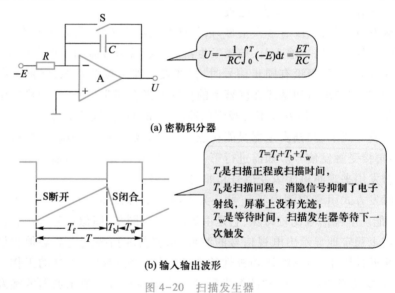

$$U = -\frac{1}{RC} \int_0^T (-E) \mathrm{d}t = \frac{ET}{RC}$$

(a) 密勒积分器

$T = T_f + T_b + T_w$
T_f 是扫描正程或扫描时间,
T_b 是扫描回程,消隐信号抑制了电子射线,屏幕上没有光迹;
T_w 是等待时间,扫描发生器等待下一次触发

(b) 输入输出波形

图 4-20　扫描发生器

提　示

时基电容 C、电阻 R 取值不同,扫描输出电压斜率 U/t 不同,单位时间内光点在荧光屏上的水平偏转距离(扫描速度 cm/s)也不同,改变时基元件可以改变扫描速度。

　　(2)时基闸门

　　时基闸门的输出信号一方面控制扫描发生器,另一方面作为消隐脉冲送至示波器增辉通道,使荧光屏只在扫描正程出现光迹。此外,闸门输出脉冲前沿经微分,送给 Y 通道的通道转换器作为交替方式的转换触发信号。

　　示波器的时基闸门一般采用图 4-21(a)所示的施密特电路(射极耦合双稳电路)。时基闸门的工作情况如图 4-21(b)所示。

　　(3)电压比较器和释抑电路

　　电压比较器和释抑电路是确定扫描电压幅度及其稳定性的主要电路。无论扫描电压的起始时刻是谁作用的结果,扫描电压的终止时刻都主要由电压比较器和释抑

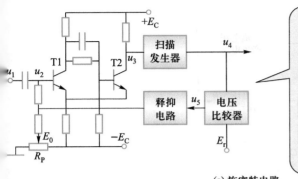

当T1的基极电平u_{b1}(图中u_2)高于上触发电平E_1，即$u_{b1}>E_1$时，T1导通(T2截止)；当u_{b1}低于下触发电平E_2，即$u_{b1}>E_2$时，T1截止(T2导通)；当$E_1>u_{b1}>E_2$时，电路维持原来的工作状态；

如果调节电位器R_P，使时基闸门的预置电平E_0处在E_1和E_2之间，并假定起始状态T2截止。当负触发脉冲来到时，电路翻转，T2导通。当触发脉冲结束后，u_{b1}回到E_0电平，这时该电路保持转换后的状态，即T2导通

(a) 施密特电路

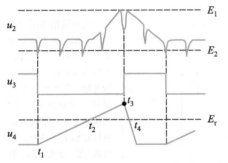

输入电压叠加触发脉冲，当电压下降到E_2以下，施密特电路输出状态u_3发生翻转；当电压上升到E_1，则施密特电路输出状态u_3再次发生翻转

(b) 时基闸门工作波形

图 4-21 时基闸门的工作

电路决定。示波器采用的电压比较器有二极管电压比较器、电流开关式比较器等。电压比较器和释抑电路的工作原理如图 4-22 所示。

起始时刻，时基闸门输出低电平，扫描正程开始。

当扫描电压正程到达参考电压，比较器输出从低电平转换为高电平。释抑电路的电容器开始充电，释抑电路输出电压上升。

当释抑电路输出电压上升到时基闸门的上触发电平，使时基闸门关闭，扫描电压正程结束，回程开始。在回程期间，特别是回程开始段，扫描电压下降很快。经过时间 t_h，回到起始电平。

当扫描电压下降到比较电压 E_r(忽略比较器的电压回差)，比较器输出电压从高电变为低电平。由于释抑电路中的电容放电较慢，经过释抑时间 t_h，回到预置电平 E_0。这样释抑电路就抑制了触发脉冲对时基闸门的触发作用，保证扫描发生器有足够的放电时间，使每一次扫描都从同样的电平开始。并且释抑电容 C_h 和时基电容 C 应该同时切换。

（4）扫描发生器环的工作原理

扫描方式分为两种：触发扫描和连续扫描。

① 触发扫描。

触发扫描又称常态扫描，其工作过程见图 4-23。

$t=t_1$ 时，第一个触发脉冲打开时基闸门，时基闸门输出由高电平转为低电平，扫描发生器开始扫描正程。扫描电压加至 X 放大器，同时送入电压比较器。

提 示
释抑电路的放电时间 t_h 一定要大于或等于扫描回程时间 t_h，这样才能保证下次扫描从同样的初始电平开始。

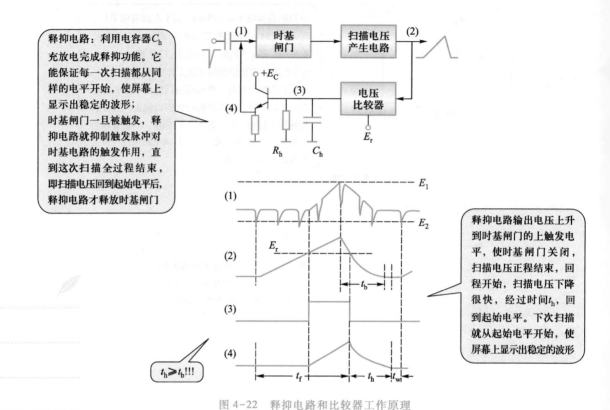

释抑电路：利用电容器C_h充放电完成释抑功能。它能保证每一次扫描都从同样的电平开始，使屏幕上显示出稳定的波形；时基闸门一旦被触发，释抑电路就抑制触发脉冲对时基电路的触发作用，直到这次扫描全过程结束，即扫描电压回到起始电平后，释抑电路才释放时基闸门

释抑电路输出电压上升到时基闸门的上触发电平，使时基闸门关闭，扫描电压正程结束，回程开始，扫描电压下降很快，经过时间t_h，回到起始电平。下次扫描就从起始电平开始，使屏幕上显示出稳定的波形

$t_h \geqslant t_b$!!!

图 4-22　释抑电路和比较器工作原理

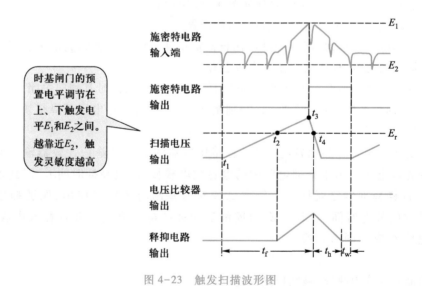

时基闸门的预置电平调节在上、下触发电平E_1和E_2之间。越靠近E_2，触发灵敏度越高

图 4-23　触发扫描波形图

$t=t_2$ 时，扫描电压上升到比较电压 E_r，比较器输出变为高电平，并对释抑电路的电容充电，释抑电路输出电压逐渐上升。此时，扫描电压正程仍在继续。

$t=t_3$ 时，释抑电路输出电压上升到时基闸门的上触发电平 E_1，时基闸门翻转，输出变为高电平,使扫描电压正程结束,回程开始。

$t=t_4$ 时,扫描回程电压 u_4 迅速下降,当 $u_4=E_r$ 时,比较器输出变为低电平,释抑电路充电结束,放电开始。此后扫描电压迅速下降到起始电平,而释抑电路输出较慢地回到预置电平 E_0。

在扫描电平回到起始电平之前,时基闸门的输出电平(预置电平、释抑电路输出电压、触发脉冲三者的叠加)应低于下触发电平 E_2 以保证每次扫描从同样电平开始。

② 连续扫描。

连续扫描又称自动扫描。当预置电平 E_0 低于下触发电平 E_2 时,扫描发生器环就工作在连续扫描方式。这种方式下,无论是否有触发同步脉冲,总有扫描电压。其工作过程与触发扫描大致相同,所不同的是扫描不是在触发脉冲的作用下开始。当无同步信号时,释抑电路输出电压下降到下触发电平 E_2 时,扫描开始。这样在没有同步信号时,仍有扫描电压。其工作过程见图 4-24。

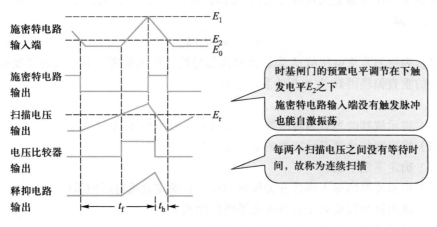

图 4-24　连续扫描波形图

在连续扫描时,为了得到稳定的波形要求扫描周期 T 为被测信号周期的整数倍。为此有两种办法:其一,可利用"扫速微调"旋钮来改变扫描速度,从而改变扫描周期,使 $T_x=nT_y$。但这时扫描速度不能准确读数,不便于时间、频率测量;其二,让"扫速微调"处于"校正"位置,这时扫描速度一定,可调节电位器 R_p,适当改变释抑时间,从而达到改变扫描周期的目的。这种方法在观测高频信号时尤为实用,因此称为"稳定度"调节。

3. X 放大器

X 放大器把扫描发生器输出的扫描电压或从示波器 X 轴输入端送来的信号进行放大后加到 X 偏转板上,使电子射线获得足够的水平偏转。调节 X 放大器的直流电平可使荧光屏上的波形水平移动,称为水平"移位"。

与 Y 放大器类似,改变 X 放大器的增益可以使光迹在水平方向得到若干倍的扩展,称为"水平扩展",或对扫描速度进行微调,以校准扫描速度。

> **提 示**
>
> 　　Y 通道主要是一个放大器,通常用来放大被观测的信号。用示波器观测随时间变化的波形时,X 通道的主要任务是产生一个与被测信号同步的,既可以连续扫描又可以触发扫描的锯齿波电压。而 X 放大器亦可直接输入一个任意信号,这个信号与 Y 通道的信号共同决定荧光屏上光点的位置,构成一个 X–Y 图示仪,这时触发电路和扫描发生器环不起作用。

4.3　示波器测量功能

一、直流电压的测量

1. 测量原理

微课 ▼
示波器测量功能

被测电压在屏幕上呈现的直线偏离时间基线(零电平线)的高度与被测电压的大小成正比,即

$$U_{DC} = h \times D_y \times k_y \tag{4-3}$$

式中,U_{DC} 为被测直流电压值;h 为被测直流信号线的电压偏离零电平线的高度;D_y 为示波器的垂直偏转因数,k_y 为探头衰减系数。

2. 测量方法

(1) 将示波器的垂直偏转因数微调旋钮置于校准位置(CAL)。

(2) 将待测信号送至示波器的垂直输入端。

(3) 确定零电平线。

(4) 将示波器的输入耦合开关拨向"DC"挡,确定直流电压的极性。

(5) 读出被测直流电压偏离零电平线的距离 h。

(6) 计算被测直流电压值。

【例 4-1】　示波器测直流电压时垂直偏转因数开关状态及测量波形如图 4-25 所示,$h = 4$ cm、$D_y = 0.5$ V/cm,若 $k = 10:1$,求被测直流电压值。

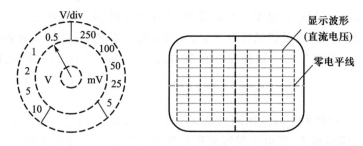

图 4-25　示波器测量时垂直偏转因数开关状态与测量波形图

【解】　$U_{DC} = h \times D_y \times k = 4 \times 0.5 \times 10$ V $= 20$ V

二、交流电压的测量

1. 测量原理

$$U_{P-P} = h \times D_y \times k_y \qquad (4-4)$$

式中，U_{P-P} 为被测交流电压峰-峰值；h 为荧光屏上被测交流信号的峰-峰值的高度；D_y 为示波器的垂直偏转因数；k_y 为探头衰减系数。

2. 测量方法

（1）垂直偏转因数微调旋钮置于校准位置。

（2）接入待测信号。

（3）输入耦合开关置于"AC"。

（4）调节扫描速度使波形稳定显示一个或两个周期。

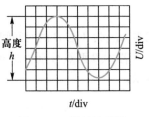

图 4-26　测量波形图

（5）调节垂直偏转因数开关，读出被测交流电压波峰和波谷之间的高度 h，如图 4-26所示。

（6）计算被测交流电压的峰-峰值。

三、测量周期和频率

1. 测量原理

被测交流信号的周期为

$$T = xD_x/k_x \qquad (4-5)$$

式中，x 为被测交流信号的一个周期在荧光屏水平方向所占距离；D_x 为示波器的时基因数；k_x 为 X 轴扩展倍率。

测得周期后求周期的倒数即为频率。

2. 测量方法

（1）将示波器的时基因数微调旋钮置于"校准"位置。

（2）将待测信号送至示波器的垂直输入端。

（3）将示波器的输入耦合开关置于"AC"位置。

（4）调节时基因数开关，记录 D_x 值。

（5）读出被测交流信号的一个周期在荧光屏水平方向所占的距离 x。

（6）计算被测交流信号的周期。

【例 4-2】　荧光屏上的波形如图 4-27 所示，信号一个周期的 $x = 7$ cm，时基因数开关置于"10 ms/cm"位置，扫描扩展置于"拉出×10位置"，求被测信号的周期。

【解】　$T = xD_x/k_x = \dfrac{7 \times 10}{10} \text{ms} = 7 \text{ ms}$

四、测量时间间隔

1. 测量同一信号中任意两点 A 与 B 的时间间隔

测量波形如图 4-28所示。A 与 B 的时间间隔为

$$T_{A-B} = x_{A-B} \cdot D_x \qquad (4-6)$$

▼ 学中做

计划测量方案与步骤，填写 A/D 采样电路测量计划工作单

▼ 练习

1. 一示波器的荧光屏的水平长度为 10 cm，要求显示 10 MHz 的正弦信号两个周期，问示波器的扫描速度应为多少？

2. 有一正弦信号，使用垂直偏转因数为 10 mV/div 的示波器进行测量，测量时信号经过 10∶1 的衰减探头加到示波器，测得荧光屏上波形的高度为 7.07 div，问该信号的峰值、有效值各为多少？

3. 延迟线的作用是什么？延迟线为什么要放置在内触发信号之后引出？

4. 某示波器的带宽为 100 MHz，探头的衰减系数为 10∶1，上升时间 $t_0 = 3.5$ ns。用该示波器测量一方波发生器输出波形的上升时间 t_x，从示波器荧光屏上测出的上升时间为 $t_0 = 11$ ns。问方波的实际上升时间为多少？

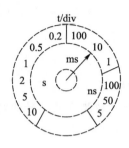
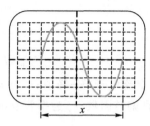

图 4-27　例 4-2 测量波形图

式中,x_{A-B} 为 A 与 B 的时间间隔在荧光屏水平方向所占距离;D_x 为示波器的时基因数。

　　若 A、B 两点分别为脉冲波前后沿的中点,则所测时间间隔为脉冲宽度,如图 4-29 所示。

延伸学习 ▼

通用示波器的使用说明

延伸学习 ▼

通用示波器的操作规程

学中做 ▼

利用示波器测量信号参数

学中做 ▼

完成 A/D 采样电路测量,填写 A/D 采样电路实施检验工作单

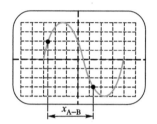
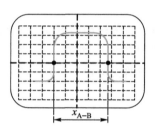

图 4-28　示波器测量正弦波 时间间隔测量波形图　　　图 4-29　示波器测量脉冲 宽度测量波形图

2. 测量两个信号的时间差

　　将 B 脉冲的起点左移 1 格,读出两被测信号起始点时间的水平距离,如图 4-30 所示。

五、测量相位差

　　用双踪示波法测量相位差,如图 4-31 测量波形图。将要测量的两个同频等幅信号 A 和 B 分别接到示波器的两个输入通道双踪显示。利用荧光屏上的坐标测出信号的一个周期在水平方向上所占的长度 x_T,再测量两波形上对应点之间的水平距离 x,则两信号的相位差为

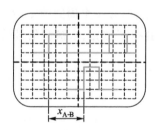
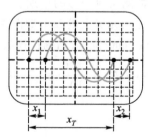

图 4-30　示波器测量时间 差测量波形图　　　图 4-31　示波器测量相位差 测量波形图

$$\Delta\varphi = \frac{x}{x_T} \times 360° \tag{4-7}$$

式中，x 可取 x_1 或 x_2，或 $\frac{x_1 + x_2}{2}$。

用这种方法测相位差时应该注意，只能用其中一个波形去触发另一路信号。

4.4 数字示波器

数字示波器是智能化数字存储示波器的简称，是结合了模拟示波器技术、数字化测量技术、计算机技术的综合产物。它能够长期存储波形，可进行负延时触发，便于观测单次过程和缓变信号，具有多种显示方式和多种输出方式，同时还可以进行数学计算和数据处理，功能扩展也十分方便，比普通模拟示波器具有更强大的功能，因此在实际得到了越来越广泛的应用。

数字示波器是数据采集，A/D 转换，软件编程等一系列的技术制造出来的高性能示波器。数字示波器一般支持多级菜单，能提供给用户多种选择，多种分析功能。还有一些示波器可以提供存储，实现对波形的保存和处理。

数字示波器因具有波形触发、存储、显示、测量、波形数据分析处理等独特优点，其使用日益普及。由于数字示波器与模拟示波器之间存在较大的性能差异，如果使用不当，会产生较大的测量误差，从而影响测试任务。

一、数字示波器的基本结构和工作原理

数字示波器有四大功能，即采集、显示、测量、分析与处理，原理框图如图 4-32 所示。

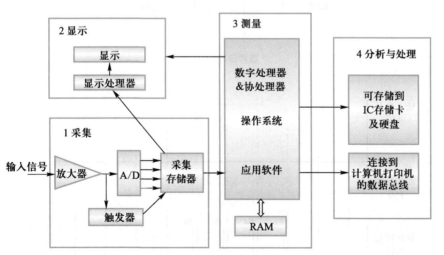

图 4-32 数字示波器原理框图

1. 波形的采集

采集部分主要是由三个芯片和一个电路组成，即放大器芯片，A/D 芯片，存储器

▼ 做中学
示波器的测量误差

▼ 学习引导问题
　一般通用示波器只能测量周期信号，若要测量非周期信号，应采用哪些方法？

▼ 搜索
电子科技大学田书林教授团队在数字示波器核心技术上的突破

芯片和触发器电路。被测信号首先经过探头和放大器转换成 A/D 转换器可以接收的电压范围,采样和保持电路按固定采样率将信号分割成一个个独立的采样电平,A/D 转换器将这些电平转化成数字的采样点,这些数字采样点保存在采集存储器里送显示和测量分析处理。

实时取样是指对波形进行等时间间隔取样,按照取样先后的次序进行 A/D 转换并存入存储器中。

典型实时取样方式的原理图如图 4-33 所示。

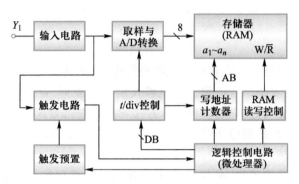

图 4-33　实时取样方式的原理图

取样即连续波形的离散化,其方法可用图 4-34 说明:把模拟波形送到加有反偏的取样门的 a 点,在 c 点加入等间隔取样脉冲,则对应时间 $t_n(n=1,2,3,\cdots)$ 取样脉冲打开取样门的瞬间,在 b 点就得到相应的模拟量 $a_n(n=1,2,3,\cdots)$,这个模拟量 a_n 就是取样后得到的离散化的模拟量。

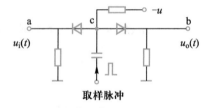

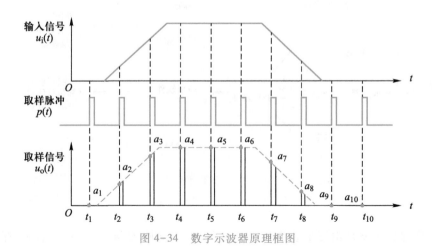

图 4-34　数字示波器原理框图

若把 a_n 中的每一个离散模拟量进行 A/D 转换,即量化的过程,就可以得到相应的数字量。例如 $a_1 \to$ A/D $\to$ 01H;$a_2 \to$ A/D $\to$ 02H;$a_3 \to$ A/D $\to$ 03H;…;$a_7 \to$ A/D $\to$ 07H。如果把这些数字量按序存放在存储器中,就相当于把一幅模拟波形以数字量的形式存储起来。

A/D 转换器是波形采集的关键部件。它决定了示波器的最大采样速率、存储带宽以及垂直分辨率等多项指标。目前存储示波器采用的 A/D 转换的形式有逐次比较式、并联比较式、串并联式以及 CCD 器件与 A/D 转换器相配合的形式等。

扫描速度 t/DIV 控制器实际上是一个时基分频器,用于控制 A/D 转换速率以及存储器的写入速度,它由一个准确度、稳定性很好的晶体振荡器、一组分频器和相应的组合电路组成。

写地址计数器用来产生写地址信号,它由二进制计数器组成,计数器的位数由存储长度来决定。写地址计数器的计数频率应该与控制 A/D 转换器的取样时钟的频率相同。

预置触发功能含正延迟触发和负延迟触发两种情况。并且正负延迟及延迟时间都可以进行预置。在数字存储示波器中预置触发可以通过控制存储器的写操作过程来实现。

2. 波形的显示

(1)存储显示

存储显示是数字存储示波器最基本的显示方式。它显示的波形是触发后所存储的一帧波形信号,即在采集一次触发所完成的一帧信号数据之后,再通过控制存储器的地址依次将数据读出,并经 D/A 转换稳定地显示在 CRT 上。

① CPU 控制方式和直接控制方式。

CPU 控制方式下,将存储器中的数据按地址顺序取出,送到 D/A 转换器转换,还原为模拟量,送至 Y 轴;与此同时,将地址按同样顺序送出,经 D/A 转换器转换为阶梯波,送至 X 轴。这样就能把被测波形显示在 CRT 屏幕上。设存储波形时是以 255 个地址为一页,现通过图 4-35 说明其原理。

直接控制方式下,数据传输不再经过 CPU,而直接对内存进行读/写操作,因此速度快。显示原理如图 4-36 所示。

一方面,地址计数器在显示时钟的驱动下,产生的连续地址信号依次将存储器中的波形数据连续地送至 D/A 转换器,然后将恢复的模拟量送至 CRT 的 Y 轴;另一方面,地址计数器提供的地址信号经另一 D/A 转换器形成阶梯波送至 CRT 的 X 轴作同步的扫描信号。

于是在 CRT 屏幕上便形成了被显示的模拟波形。很显然,这种方式的数据传输速度取决于时钟的速率,速度较快。

② 连续触发显示和单次触发显示。

在连续触发显示方式下,每满足一次触发条件,就完成一帧数据的取样与存储。同时,屏幕上原来的显示波形就被新存储的数据更新一次。

单次触发显示只不断显示一次触发而取样与存储的数据波形。

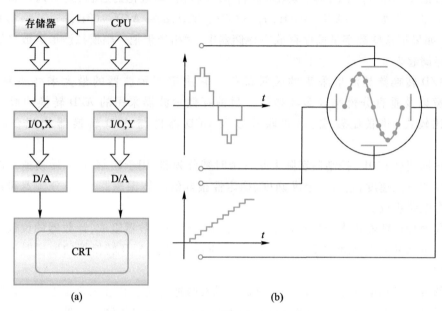

图 4-35   CPU 控制方式示意图

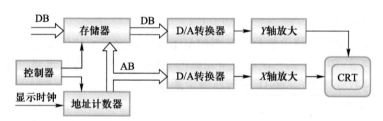

图 4-36   直接控制方式原理框图

（2）双踪显示

存储时,为了使两条波形保持原有的时间对应关系,常采用交替存储技术。即利用写地址的最低位 A0 来控制通道开关,使取样电路轮流对两通道输入信号进行取样和 A/D 转换,存储方式如图 4-37 所示。

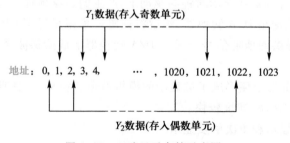

图 4-37   双踪显示存储示意图

读出时,先读偶数地址,再读奇数地址,Y_1 和 Y_2 信号便在 CRT 上交替显示。

（3）锁存和半存显示

锁存显示就是把一幅波形数据存入存储器之后，只允许从存储器中读出数据进行显示，不准新数据再写入。

半存显示是指波形被存储之后，允许存储器奇数（或偶数）地址中的内容更新，但偶数（或奇数）地址中的内容保持不变。于是屏幕上便出现两个波形，一个是已存储的波形信号，另一个是实时测量的波形信号。这种显示方法可以实现将现行波形与过去存储下来的波形进行比较的功能。

（4）滚动显示

滚动显示的表现形式：被测波形连续不断地从屏幕右端进入，从屏幕左端移出。示波器犹如一台图形记录仪，记录笔在屏幕的右端，记录纸由右向左移动，当发现欲研究的波形部分时，还可将波形存储或固定在屏幕上，以作细微的观察与分析。

滚动显示方式的机理：每当采集到一个新的数据时，就把已存在存储器中的所有数据都向前移动一个单元，即将第一个单元的数据冲掉，其他单元的内容依次向前递进，然后再在最后一个单元中存入新采集的数据。每写入一个数据，就进行一次读过程，读出和写入的内容不断更新，因而可以产生波形滚滚而来的滚动效果。

3. 波形参数的测量与处理

几乎所有微机化的数字示波器都充分地利用内部微处理器系统以及 A/D 转换器等硬件，构成多种测量及数据处理能力，使数字示波器成为一台功能很强大的测量仪器。

数字示波器的测量及处理功能包括：波形上任意两点间的电位差（ΔU）以及时间差（Δt）的测量、波形的前后沿时间测量、峰-峰值测量、有效值测量、频率测量、显示波形平均值处理、两波形的加、减、乘运算、波形的频谱分析等。

这些测量功能大部分在模拟示波器中已有介绍，就不再赘述，下面以两波形的加运算介绍数字示波器对波形参数的处理功能。

两波形的"加"运算是指把存放在不同页面中的波形数据对应相加。

相加时，要求波形的扫描时间因数必须相同，否则无法表示相加后的时间；应注意两个页面的灵敏度要相同，若灵敏度不同，应在运算之前把两页面的灵敏度给以调整或"对齐"，记下灵敏度调整系数。

相加时，如有溢出还应能自动调整，使每两点相加结果不超过 255。

灵敏度对齐程序的依据是表 4-1 所示的灵敏度与代码关系表。

表 4-1　灵敏度与代码关系表

灵敏度代码	灵敏度/mV
111	512
110	256
101	128
100	64
011	32
010	16

> **提　示**
> 滚动显示主要适于缓慢变化的信号。

首先把 A、B 页面的灵敏度代码相减,若结果为零,说明两页面的灵敏度相同不需要调整。若不为零,应把相减的差值 L(即灵敏度的差值)按 2^L 计算出调整系数,然后进行调整。

调整原则:向低灵敏度对齐,即把灵敏度高的页面做被调整页,将其代码改为低灵敏度代码,再把被调整页每一单元的数都除以调整系数。当灵敏度"对齐"以后,便把两页面对应地址中的数相加,相加的结果放在 B 页面对应的地址中。

若两个数相加有溢出,则把溢出标志码 AAH 存入 E 寄存器。

加运算流程图如图 4-38 所示。

二、数字示波器的技术指标

1. 最大取样速率 f_{max}

定义:最大取样速率是单位时间内完成的完整 A/D 转换的最高次数。

最大取样速率主要由 A/D 转换器的最高转换速率来决定。最大取样速率越高,仪器捕捉信号的能力越强。数字存储示波器在某个测量时刻的实际取样速率可根据示波器当时设定的扫描时间因数(t/DIV)推算。其推算公式为

$$f = \frac{N}{t/\text{DIV}} \qquad (4-8)$$

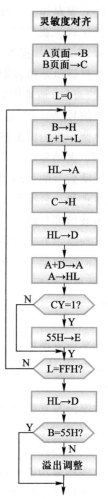

图 4-38　加运算流程图

式中,N 为每格的取样数;t/DIV 为扫描时基因数,扫描一格所占用的时间。它的倒数即为扫描速度。

例如,若某数字示波器的扫描时间因数设定为 10 μs/DIV,每格取样数为 100 点,则此时的取样速率等于 10 MHz。

显然,数字示波器最大取样速率 f_{max} 与示波器最快扫描速度相对应。若该数字示波器最快扫描速度为 100 ns/DIV,则其 f_{max} 为 1 GHz。

2. 存储带宽

带宽与取样速率密切相关。根据取样定理,如果取样速率大于或等于信号最高频率分量的 2 倍,便可重现原信号波形。实际上,在数字示波器的设计中,为保证显示波形的分辨率,往往要求增加更多的取样点,一般一个周期取 4~10 点。

3. 分辨率

分辨率用于反映存储信号波形细节的综合特性。

分辨率包括垂直分辨率和水平分辨率。垂直分辨率与 A/D 转换器的分辨率相对应,常以屏幕每格的分级数(级/DIV)表示。水平分辨率由存储器的容量来决定,常以屏幕每格含多少个取样点(点/DIV)表示。

示波管屏幕坐标的刻度一般为 8×10DIV。若示波器采用 8 位 A/D 转换器（256 级），则其垂直分辨率为 32 级/DIV，用百分数表示为 1/256≈0.39%。若采用容量为 1KB 的存储器，则水平分辨率为 1 024/10≈100 点/DIV，或用百分数表示为 1/1 024≈0.1%。

4. 存储容量

存储容量又称记录长度，用记录一帧波形数据占有的存储容量来表示，常以字（word）为单位。存储容量与水平分辨率在数值上互为倒数关系。

数字存储器的存储容量通常采用 256 B、512 B、1 KB、4 KB 等。存储容量越大，水平分辨率就越高。但存储容量并非越大越好，由于仪器最高取样速率的限制，若存储容量选取不恰当，往往会因时间窗口缩短而失去信号的重要成分，或者因时间窗口增大而使水平分辨率降低。

5. 读出速度

读出速度是指将存储的数据从存储器中读出的速度，常用（时间）/DIV 表示。其中，时间等于屏幕中每格内对应的存储容量×读脉冲周期。

使用时，示波器应根据显示器、记录装置或打印机等对速度的不同要求，选择不同的读出速度。

三、数字示波器的特点

数字示波器发展极为迅速，各种功能层出不穷。这里仅就它与模拟示波器不同的特点加以说明。

1. 显示能力与信号的频率无关

数字示波器在存储工作阶段，对快速信号采用较高的速率进行取样与存储，对慢速信号采用较低速率进行取样与存储，但在显示工作阶段，其读出速度采取了一个固定的速率，不受取样速率的限制，因而可以获得清晰而稳定的波形。

可以无闪烁地观察频率很低的信号，这是模拟示波器无能为力的。

对于观测频率很高的信号来说，模拟示波器必须选择带宽很高的阴极射线示波管，这就使得造价上升，并且显示精度和稳定性都较低。而数字示波器采用了一个固定的相对较低的速率显示，从而可以使用低带宽、高分辨率、高可靠性而低造价的光栅扫描式示波管，这就从根本上解决了上述问题。若采用彩色显示，还可以很好地分辨各种信息。

2. 长时间保存信号

具有存储功能的数字示波器能长时间地保存信号。这种特性对观察单次出现的瞬变信号尤为有利。

有些信号，如单次冲击波、放电现象等都是在短暂的一瞬间产生，在示波器的屏幕上一闪而过，很难观察。数字存储示波器问世以前，屏幕照相是"存储"波形采取的主要方法。数字存储示波器把波形以数字方式存储起来，因而操作方便，且其存储时间在理论上可以是无限长的。

3. 测量精度高

模拟示波器水平精度由锯齿波的线性度决定，故很难实现较高的时间精度，一般限制在 3%～5%。而数字示波器由于使用晶振作为高稳定时钟,有很高的测时精度。采用多位 A/D 转换器也使幅度测量精度大大提高。尤其是能够自动测量直接读数,有效地克服示波管对测量精度的影响,使大多数的数字存储示波器的测量精度优于 1%。

4. 触发功能多样化

具有先进的触发功能。数字示波器不仅能显示触发后的信号,而且能显示触发前的信号,并且可以任意选择超前或滞后的时间,这对材料强度、地震研究、生物机能实验提供了有利的工具。除此之外,数字存储示波器还可以向用户提供边缘触发、组合触发、状态触发、延迟触发等多种方式,来实现多种触发功能,方便、准确地对电信号进行分析。

5. 具有很强的处理能力

由于数字示波器内含微处理器,因而能自动实现多种波形参数的测量与显示,例如上升时间、下降时间、脉宽、频率、峰-峰值等参数的测量与显示。能对波形实现多种复杂的处理,例如取平均值、取上下限值、频谱分析以及对两波形进行加、减、乘等运算处理。同时还能使仪器具有许多自动操作功能,例如自检与自校等功能,使仪器使用很方便。

6. 具有数字信号的输入/输出功能

可以很方便地将存储的数据送到计算机或其他外部设备,进行更复杂的数据运算或分析处理。同时还可以通过 GP-IB 接口与计算机一起构成强有力的自动测试系统。

本章小结

1. 示波器由垂直系统、水平系统和主机三大部分组成。

2. 示波器显示波形的原理:锯齿波电压加到水平偏转板上,使电子束以恒定的速度从左向右沿水平方向偏转,且很快地返回到起始位置。电子束沿水平方向偏转距离同时间成正比,被测电压(是时间的函数)加到垂直偏转板上,每一瞬间电子射线的垂直位置对应于这一瞬间被测信号的瞬时值。在锯齿波电压扫描期间,电子束绘出被测信号的曲线。当锯齿波的重复周期等于输入信号周期整数倍时,荧光屏上显示出的信号图形是稳定不动的。

3. 示波器的垂直系统由探极、衰减器、倒相放大器、前置放大器、延迟级、输出放大器、通道转换器、内触发放大器等电路组成。

4. 示波器的水平系统由触发电路(包括触发放大器和触发形成器)、扫描环状电路(包括时基闸门、扫描发生器、电压比较器和释抑电路)和水平放大器等电路组成。

5. 示波器的主机包括示波管及其供电电路、高压电源、低压电源、增辉消隐电路和校准信号电路等。

6. YB4328 型双踪示波器是双踪便携式通用示波器。

7. 数字示波器具有数据采集、显示、测量和分析、存储功能,比模拟示波器具有更优越的性能和高的性价比。

8. 示波器在电磁测量中可以进行电压、电流、时间、相位、频率等电学量的测量。

频域测量中有两个基本问题：一个是对系统的频率特性的测量，可由频率特性测试仪完成；另一个是对信号的频谱分析，可由频谱分析仪完成。它能提供在时域测量中所不能得到的独特信息。

学习目的与要求

通过完成测试任务，掌握频率特性测试仪（扫频仪）、频谱仪的工作原理、技术指标，能合理选择测量仪器；掌握减小扫频仪、频谱仪的误差的方法，能合理选择测量方法；熟悉扫频仪、频谱仪的按钮分布及具体功能，能通过扫频仪、频谱仪完成对信号和系统的频域参数的测量。

5.1　概　　述

▼课件

第5章

电路的幅频特性是指当电路的输入电压恒定时，其输出电压随频率变化的关系特性。

观察一个电信号的普通方法是显示信号波形，即以时间 t 为水平轴，是在时间域内观察信号，称为信号的时域分析。示波器是典型的时域信号分析仪。

信号的频谱是指组成信号的全部频率分量的总集。从一个电信号所包含的频率成分，即信号的频谱分布来描述，即以频率 f 作为水平轴，称为信号的频域分析或频谱分析。信号的频谱分析是很有用的，它往往能提供在时域观测中所不能得到的独特信息。频谱分析仪是频域分析的重要工具。

▼测量任务

完成航空电子信号采集系统通道电路频率特性测量

时域和频域测量的比较可以用图 5-1 来说明。图 5-1(a) 中的信号波形是信号的时域观测结果，横坐标表示时间，纵坐标表示信号幅度。图 5-1(a) 是图 5-1(b)～(e) 的全部正弦波形相加合成的波形，其中图 5-1(b)～(e) 是频率依次为 1 Hz、2 Hz、3 Hz、4 Hz 而振幅依次为 1 V、1/2 V、1/3 V、1/4 V 的正弦波。图 5-1(f) 是图 5-1(a) 中信号所对应的频域观测结果，横坐标表示频率，纵坐标表示信号幅度。从图 5-1(f) 可以看出，信号是由 4 个正弦波信号合成的，它们的频率分别为 1 Hz、2 Hz、3 Hz、4 Hz，振幅依次为 1 V、1/2 V、1/3 V、1/4 V。综上所述,图 5-1(a)和图 5-1(f)分别是同一个信号的不同表示方式。

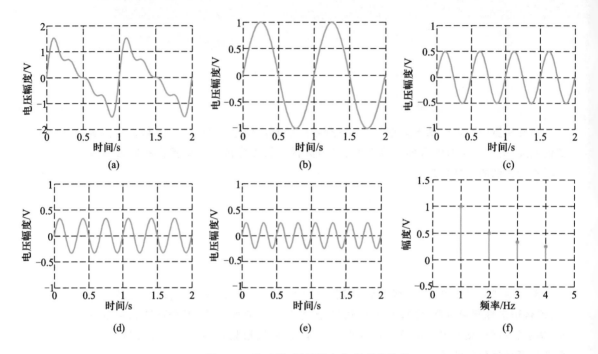

图 5-1   从时域、频域两个角度观察信号

时域和频域测量的比较还可以用图 5-2 来说明,图中表示基波与其二次、三次谐波相加的例子,是信号 $A(t,f)$ 在幅度-时间-频率三坐标中的图像。$A(t)$ 是一个电信号随时间变化的波形图,显示这个波形并求其有关参量是时域分析的任务。$A(f)$ 是同一个电信号随频率变化的线状频谱图,分析信号的频谱即求其各频率分量的大小是频域分析的任务。

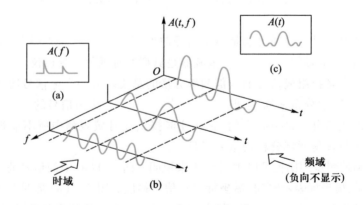

图 5-2   信号的时域和频域分析

比较 $A(t)$ 和 $A(f)$ 的波形可见,时域分析和频域分析都可用来观察同一个电信号,而两者的波形是不一样的。但两者所得到的结果是可以互译的,即时域分析与频

域分析之间有一定的对应关系,从数学上说就是一对傅里叶变换的关系。但是两者又是从不同角度去观察同一事物,故各自得到的结果都只能反映事物的某个侧面。因此从测量的观点来看,时域分析和频域分析各有特点。

$$时域 \underset{逆傅里叶变换}{\overset{傅里叶变换}{\rightleftharpoons}} 频域$$

当需要研究波形严重失真的原因时,时域测量有明显的优点。如在频谱分析仪观察到两个信号频谱图相同,但由于两个信号的基波、谐波之间的相位不同,在示波器上观察这两个信号的波形可能就不大一样。然而,频域测量也有特点,例如一个失真很小的正弦波,利用示波器观测就很难看出来,但频谱分析仪却能测出很小的谐波分量。

频率特性测试仪和频谱分析仪是重要的频域测量仪器。

频率特性测试仪在频域内对元器件、电路或系统的特性进行动态测量,显示频率特性曲线。

频谱分析仪可对信号的频谱进行分析,显示信号的频谱分布图。

从测量原理上讲,电路的频率特性测量主要有点频测量法和扫频测量法两种。

▼学习引导问题
怎样才能进行电路的频率特性测试呢?

1. 点频测量法

点频法就是通过逐点测量一系列规定频率点上的网络增益(或衰减)来确定幅频特性曲线的方法,其原理如图 5-3 所示。

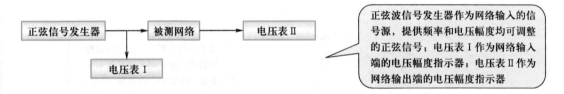

正弦波信号发生器作为网络输入的信号源,提供频率和电压幅度均可调整的正弦信号;电压表 I 作为网络输入端的电压幅度指示器;电压表 II 作为网络输出端的电压幅度指示器

图 5-3 点频法测量幅频特性

测量方法:在被测网络整个工作频段内,改变输入信号的频率,注意在改变输入信号频率的同时,保持输入电压的幅度恒定(用电压表 I 来监视),在被测网络输出端用电压表 II 测出各频率点相应的输出电压,做好记录。然后在直角坐标中,以横轴表示频率的变化,以纵轴表示输出电压幅度的变化,连接各点,就描绘出网络的幅频特性曲线。

点频法是一种静态测量法,它的测量准确度比较高,能反映出被测网络的静态特性,测量时不需要特殊仪器,是工程技术人员在没有频率特性测试仪的条件下,进行科学研究和实验的基本方法之一。这种方法的缺点是操作繁琐、工作量大、容易漏测某些细节,又不能反映出被测网络的动态特性。

点频测量法的实验:让学生具体通过实验来体会幅频特性的测试过程,比如测量带通滤波器、低通滤波器、带阻滤波器等的幅频特性,要使用的测量仪器可以是正弦波信号源、使用双踪示波器(示波器 A 通道、B 通道分别替换电压表 I 和电压表 II)等。

2. 扫频测量法

扫频测量法是在点频测量法的基础上发展起来的。它是利用一个扫频信号发生器取代了点频法中的正弦信号发生器,用示波器取代了点频法中的电压表而组成的。其工作原理如图 5-4 所示。

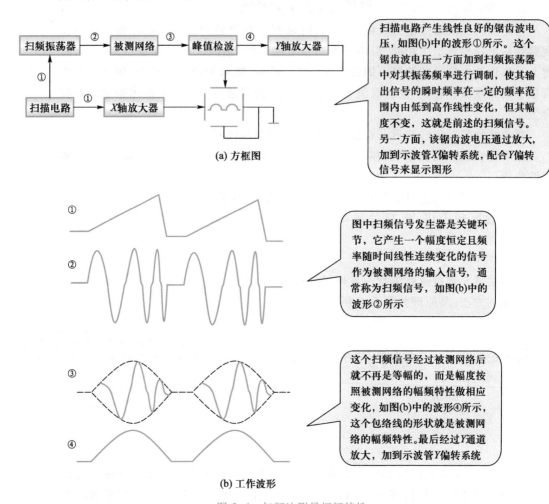

扫描电路产生线性良好的锯齿波电压,如图(b)中的波形①所示。这个锯齿波电压一方面加到扫频振荡器中对其振荡频率进行调制,使其输出信号的瞬时频率在一定的频率范围内由低到高作线性变化,但其幅度不变,这就是前述的扫频信号。另一方面,该锯齿波电压通过放大,加到示波管X偏转系统,配合Y偏转信号来显示图形

(a) 方框图

图中扫频信号发生器是关键环节,它产生一个幅度恒定且频率随时间线性连续变化的信号作为被测网络的输入信号,通常称为扫频信号,如图(b)中的波形②所示

这个扫频信号经过被测网络后就不再是等幅的,而是幅度按照被测网络的幅频特性做相应变化,如图(b)中的波形④所示,这个包络线的形状就是被测网络的幅频特性。最后经过Y通道放大,加到示波管Y偏转系统

(b) 工作波形

图 5-4   扫频法测量幅频特性

示波管的水平扫描电压,同时又用于调制扫频信号发生器形成扫频信号。因此,示波管屏幕光点的水平移动,与扫频信号频率随时间的变化规律完全一致,所以水平轴也就变换成频率轴。也就是说,在屏幕上显示的图形是被测网络的幅频特性曲线。

扫频测量法简单、速度快,可以实现频率特性测量的自动化。由于扫频信号的频率变化是连续,所以不会像点频法那样由于测量的频率点不够密而遗漏某些被测特性的细节。扫频法反映的是被测网络的动态特性,这一点对某些网络的测量尤为重要,如滤波器的动态滤波特性的测量等。此外,用扫频法测量网络时,还能边测量,边调试,这显然大大地提高了调试工作效率。

扫频法的不足之处是测量的准确度比点频法低。

练习 ▼

1. 信号的时域测量和频域测量各有什么特点?两者之间有什么关系?

2. 测量幅频特性有哪几种方法?各有什么特点?

5.2 频率特性测试仪

一、频率特性测试仪基本结构

频率特性测试仪是在静态逐点测量法的基础上发展起来的一种快速、简便、实时、动态、多参数、直观的测量仪器。频率特性测试的仪器中最常用的是扫频仪。其结构如图 5-5 中的点画线框内的电路所示。

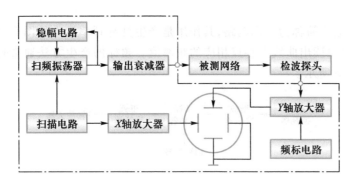

图 5-5 扫频仪的结构框图

检波探头(扫频仪附件)是扫频仪外部的一个电路部件,用于直接探测被测网络的输出电压。检波探头与示波器的衰减探头外形相似(体积稍大),但电路结构和作用不同,它内藏晶体二极管,起包络检波作用。由此可见,扫频仪有一个输出端口和一个输入端口:输出端口输出等幅扫频信号,作为被测网络的输入测试信号;输出端口接收被测网络经检波后的输出信号。显然,测试时扫频仪与被测网络构成了闭合回路。

扫描电路、扫频振荡器、稳幅电路和输出衰减器构成了扫频信号发生器。扫频信号发生器具有一般正弦信号发生器的工作特性,其输出信号的幅度和频率均可调节。此外它还具有扫频工作特性,其扫频范围(即频偏宽度)也可以调节。测量时要求扫频信号的寄生调幅尽可能小。

1. 扫描电路

扫描电路用于产生扫频振荡器所需的调制信号及示波管所需的扫描信号。扫描电路的输出信号有时不是锯齿波信号,而是正弦波或三角波信号。这些信号一般是由 50 Hz 市电通过降压之后获得,或由其他正弦信号经过限幅、整形、放大及积分之后得到。这样设计的目的是为了简化仪器的电路结构,降低造价。由于调制信号与扫描信号的波形相同,因此,这样设计并不会使所显示的幅频特性曲线失真。

2. 扫频振荡器

扫频振荡器的作用是产生等幅的扫频信号。

▼ 延伸学习
变容二极管扫频振荡器工作原理

3. 稳幅电路

稳幅电路的作用是减少寄生调幅。扫频振荡器在产生扫频信号的过程中,都会不同程度地改变着振荡回路的 Q 值,从而使振荡幅度随调制信号的变化而变化,即产生了寄生调幅。抑制寄生调幅的方法很多,最常用的方法是:从扫频振荡器的输出信号中取出寄生调幅分量并加以放大,再反馈到扫频振荡器去控制振荡管的工作点或工作电压,使扫频信号的幅度恒定。

4. 输出衰减器

输出衰减器用于改变扫频信号的输出幅度。在扫频仪中,衰减器通常有两组:一组为粗衰减,一般是按每挡为 10 dB 或 20 dB 步进衰减;另一组为细衰减,按每挡为 1 dB 或 2 dB 步进衰减。多数扫频仪的输出衰减量可达 100 dB。

5. 频标电路

频率标志电路简称为频标电路,其作用是产生具有频率标志的图形,叠加在幅频特性曲线上,以便读出曲线上各点相应的频率值。频标的产生方法通常是差频法,其原理图如图 5-6 所示。

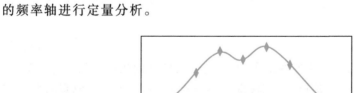

图 5-6　差频法产生频标的原理框图

晶体振荡器产生的信号经谐波发生器产生出一系列的谐波分量,这些基波和谐波分量与扫频信号一起进入频标混频器进行混频。当扫频信号的频率正好等于基波或某次谐波的频率时,混频器产生零差频(零拍);当两者的频率相近时,混频器输出差频,差频值随扫频信号的瞬时频偏而变化。差频信号经低通滤波及放大后形成菱形图形,这就是菱形频标,如图 5-7 所示。测量者利用频标可对图形的频率轴进行定量分析。

图 5-7　叠加在曲线上的频标

二、频率特性测试仪技术指标

1. 测量功能

指该仪器所具备的全部测试功能,例如无源滤波器传输特性的测试、有源放大器的测量、电压驻波比和频率响应同时测量、谐振回路测量、天线的测试等功能。

2. 测量范围

指测量的有效频率范围,如 5 Hz~1 GHz。

3. 测量准确度

常用测量误差表示测量准确度。

① 单频频率误差:连续正弦波频率范围可调,频率误差优于指示频率±1% ±10 MHz。

② 频率标志误差:例如晶振脉冲标志误差优于±1×10⁻⁴。

③ 扫频线性误差:仪器屏幕上显示任何相临一段频率范围间隔比不大于1:1.3。

4. 频标种类及分辨率

① 晶振脉冲标志:通常具有多个标志,组合叠加且宽度可调。

② 外频率脉冲标志:在扫频频率范围内,仪器背板外频标输入的正弦波信号可产生外频率标志。

③ 菱形可动标志:全扫工作方式提供频率可任意调节的单向菱形标志。

④ 频率标志分辨率:通常多个晶振脉冲标志叠加高度依1:1关系递增,标志最大显示幅度不小于1格且幅度连续可调,频标宽度可调。可动标志最大显示幅度不小于2格且幅度连续可调。

5. 扫频特性

① 扫频方式:通常具有全扫、窄扫Ⅰ、窄扫Ⅱ和单频四种工作方式。

② 窄扫中心频率误差:中心频率在某个频段范围内连续可调,频率误差优于指示频率。

③ 扫频宽度:全扫扫频宽度,窄扫扫频宽度。

6. 显示及工作方式

① 通道显示工作方式:对数显示分:A 通道、B 通道显示和 A/B 通道同时显示三种工作方式。

② 对数显示动态范围:通常不小于50 dB,分每格显示 0.5、1、2、5 dB/DIV 四挡。

7. 输出

仪器可以直接输出的标记的种类和测量结果输出方式如下。

① 稳幅输出电平。

② 稳幅输出电平平坦度。

③ 稳幅输出电平平坦度补偿。例如,全频段内不小于 1 dB,参考点频率为 500 MHz。

④ 输出衰减。例如,10 dB×7(步进式),误差优于±2%A±0.5,A 为衰减值。

5.3 频谱分析仪

一、频谱分析仪概念

频谱分析仪是指一般用于显示输入信号的功率(或幅度)对频率分布的仪器,简

▼学中做
计划测量方案与步骤,填写通道电路幅频特性测量计划工作单

▼延伸学习
一种频率特性测试仪使用说明

▼延伸学习
频率特性测试仪操作规程

▼学中做
利用频率特性测试仪测量带通滤波器的幅频特性

▼学中做
完成幅频特性测量,填写通道电路幅频特性测量实施检验工作单

称频谱仪。频谱仪把信号分解成各个正弦分量并以 f-U 图形显示出来，它实质上是一台被校准于正弦波有效值的峰值响应的选频电压表。

频谱仪是一种比较复杂的仪器，有 15～50 个指标参数及相应的控制装置。幅度和频率都以绝对值定标的频谱仪，可对电信号和电路的频率、电平、调制度、调制失真、频偏、互调失真、带宽、窄带噪声、增益、衰减等多种参数进行测量，配接天线可测量场强、干扰。由于频谱仪的测量功能较多，因此被广泛应用于广播、电视、通信、雷达、导航、电子对抗及各种电路的设计、制造和电子设备的维护、修理等方面。频谱仪正朝着多功能、智能化、自动化的方向发展。

二、频谱仪的分类

频谱仪按不同的特性，有不同的分类方法。

按工作频率分为：低频频谱仪，射频频谱仪及微波频谱仪。

按频带宽度分为：宽带频谱仪和窄带频谱仪。

按扫频体制分为：扫前端型和扫中频型。

按工作原理分为：实时频谱仪和扫描调谐型频谱仪。

三、频谱仪的基本工作原理

1. 实时频谱仪

实时频谱仪因为能同时显示规定的频率范围内的所有频率分量，而且保持了两个信号间的时间关系（相位信息），使得它不仅能分析周期信号、随机信号，而且能分析瞬时信号。实时频谱仪又主要可以分为多通道频谱仪和快速傅里叶频谱仪两类。

多通道频谱仪的工作原理如图 5-8 所示，输入信号是同时送到每个滤波器的。滤波器的输出表示输入信号中被该滤波器通带内所允许通过的那一部分能量，因此显示器上显示的是各滤波器通带内信号的合成信号。由于受滤波器数量及带宽的限制，这类频谱仪主要工作在音频范围。缺点是造价高，体积大。

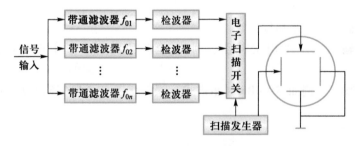

图 5-8　多通道频谱仪简化方框图

快速傅里叶频谱仪的工作原理如图 5-9 所示，其核心是以函数进行傅里叶变换的数学计算为基础的计算机分析，因此需要使用高速计算机进行数字功率谱的计算。根据采样定理：最低采样速率应该大于或等于被采样信号的最高频率分量的两倍。傅里叶频谱仪的工作频段一般在低频范围内。如 HP3562A 的分析频带为 64 μHz～

100 kHz,国产 RE-201 的频率范围为 20 Hz~25 kHz。

图 5-9　快速傅里叶频谱仪简化方框图

2. 扫描调谐频谱仪

扫描调谐频谱仪对输入信号按时间顺序进行扫描调谐,因此只能分析在规定时间内频谱几乎不变化的周期重复信号。这种频谱仪有很宽的工作频率范围(0 至几十 GHz)。常用的扫描调谐频谱仪又分为扫描射频调谐频谱仪和超外差频谱仪两类。

扫描射频调谐频谱仪的工作原理如图 5-10 所示,利用中心频率可电调的带通滤波器来调谐和分辨输入信号。但这种类型的频谱仪分辨率、灵敏度等指标比较差,所以已开发的产品不多。

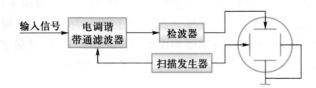

图 5-10　扫描射频调谐频谱仪简化方框图

目前产品品种和数量最多,应用最广泛的是扫描第一本振的超外差频谱仪,其工作原理如图 5-11 所示。超外差频谱仪实质上是一种具有扫频和窄带宽滤波功能的超外差接收机,与其他超外差接收机原理相似,只是用扫频振荡器作为本机振荡器,中频电路有频带很窄的滤波器,按外差方式选择所需频率分量。这样,当扫频振荡器的频率在一定范围扫动时,与输入信号中的各个频率分量在混频器中产生差频(中频),使输入信号的各个频率分量依次落入窄带滤波器的通带内,被滤波器选出并经检波器加到示波器的垂直偏转系统,即光点的垂直偏转正比于该频率分量的幅值。由于示波器的水平扫描电压就是调制扫频振荡器的调制电压(由扫描发生器产生),所以水平轴已变成频率轴,这样屏幕上将显示出输入信号的频谱图。

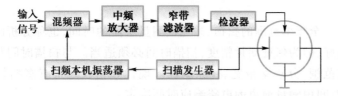

图 5-11　超外差频谱仪简化方框图

▼搜索

国内外频谱仪技术的差距

超外差频谱仪具有几 Hz~几百 GHz 的极宽的分析频率范围,从几 Hz~几 MHz 的分辨力带宽,80 dB 以上的动态范围等高技术指标,型号有 HP8566B,国产的 BP-1、QF4021 等。

四、频谱仪技术指标

1. 有效频率范围(中心频率范围)

指规定仪器特性的频率范围,以 Hz 表示该范围的上限和下限。这里的频率是指中心频率,即位于显示频谱宽度中心的频率。

学习引导问题 ▼
频谱仪有哪些重要的技术指标?

2. 分辨力带宽

指分辨频谱中两个相邻分量之间的最小谱线间隔,单位是 Hz。它表示频谱仪能够把两个彼此靠得很近的等幅信号在规定低点处分辨开来的能力。在频谱仪屏幕上看到的被测信号的谱线实际是一个窄带滤波器的动态幅频特性图形(类似钟形曲线),因此,分辨力取决于这个幅频特性的带宽。定义这个窄带滤波器幅频特性的 3 dB 带宽为频谱仪的分辨力带宽。

3. 灵敏度

指在给定分辨力带宽、显示方式和其他影响因素下,频谱仪显示最小信号电平的能力,以 dBm、dBu、dBV、V 等单位表示。超外差频谱仪的灵敏度取决于仪器的内噪声。当测量小信号时,信号谱线是显示在噪声频谱之上的。为了易于从噪声频谱中看清楚信号谱线,一般信号电平应比内部噪声电平高 10 dB。另外,灵敏度还与扫频速度有关,扫频速度越快,动态幅频特性峰值越低,导致灵敏度越低,并产生幅值误差。

4. 动态范围

指能以规定的准确度测量同时出现在输入端的两个信号电平之间的最大差值。动态范围的上限受到非线性失真的制约。频谱仪的幅值显示方式有两种:线性和对数。对数显示的优点是在有限的屏幕有效高度范围内,可获得较大的动态范围。频谱仪的动态范围一般在 60 dB 以上,有时甚至达到 100 dB 以上。

5. 频谱宽度

指频谱仪显示屏幕最左和最右垂直刻度线内所能显示的响应信号的频率范围(频谱宽度)。频谱宽度通常又分三种模式:

① 全扫频:频谱仪一次扫描它的有效频率范围。

② 每格扫频:频谱仪一次只扫描一个规定的频率范围。用每格表示的频谱宽度可以改变。

③ 零扫频:频率宽度为零,频谱仪不扫频,变成调谐接收机。

6. 扫描时间

即进行一次全频率范围的扫描、并完成测量所需的时间,也称分析时间。通常扫描时间越短越好,但为保证测量精度,扫描时间必须适当。与扫描时间相关的因素主要有频率扫描范围、分辨率带宽、视频滤波。现代频谱仪通常有多挡扫描时间可选择,最小扫描时间由测量通道的电路响应时间决定。

7. 幅度测量精度

有绝对幅度精度和相对幅度精度之分,均由多方面因素决定。绝对幅度精度是针对满刻度信号的指标,受输入衰减、中频增益、分辨率带宽、刻度逼真度、频响及校准信号本身的精度等的综合影响;相对幅度精度与测量方式有关,在理想情况下仅有频响和校准信号精度两项误差来源,测量精度可以达到非常高。仪器在出厂前要经过校准,各种误差已被分别记录下来并用于对实测数据进行修正,显示出来的幅度精度已有所提高。

8. 1 dB 压缩点和最大输入电平

1 dB 压缩点:在动态范围内,因输入电平过高而引起的信号增益下降 1 dB 时的点。1 dB压缩点表明了频谱仪过载能力。通常出现在输入衰减 0 dB 的情况下,由第一混频决定。输入衰减增大,1 dB 压缩点的位置将同步增高。为避免非线性失真,所显示的最大输入电平(参考电平)必须位于 1 dB 压缩点之下。

最大输入电平:反映了频谱仪可正常工作的最大限度,它的值一般由通道中第一个关键器件决定:0 dB 衰减时,第一混频是最大输入电平的决定性因素;衰减量大于 0 dB 时,最大输入电平的值反映了衰减器的负载能力。

五、频谱仪的测量功能

1. 幅度测量

(1)测量相对电平。

① 直接法:对于标准幅度信号,显示图像顶部设为 0 dB;对于被测信号,就直接读数。

② 射频替代法:影响增益的其他旋钮不动,调整输入衰减器,使要比较的两个正弦信号有同样的高度,输入衰减器两次测量中的差值为相对电平差。

③ 中频替代法:与射频替代法类似。

(2)测量绝对电平。

先用标准信号预先校准谱仪的增益。误差来自:校准、衰减器、刻度、读数、中频增益、频响、非线性、噪声。

2. 频率测量

① 直接法:用已知频率对水平刻度定度,然后读出被测频率谱线与已知频率距离,根据扫描宽度转换成频率差。扫描宽度准确度较差(5%~10%),被测频率靠近已知频率才有较高的精度。

② 梳状频标法:晶体振荡器输出信号经窄脉冲发生器形成梳状频谱,克服直接法单一频标的缺陷。

③ 移动频标法:频标可变到与被测频率相同。

④ 辅助振荡器法:与移动频标相似,但两个信号同时送入。

⑤ 手动扫描法:调节本振频率,被测谱线出现即停止扫描,根据跟踪发生器频率和中频可知被测频率。

电 视 信 号

电视信号是由影像信号和声音信号组成的,其中影像信号由表示亮度的亮度信号(Y 信号)、表示颜色的色信号(C 信号)、水平同步信号、垂直同步信号等组成。一般影音器材的 AV 端子传输的影像信号即为此种复合影像信号,其端子为黄色。如果将 Y/C 信号分离以避免相互干扰,则使用四端子的 S 端子;如果将复合影像信号和声音信号以射频载波调制,则形成射频 RF 信号,此时使用同轴电缆和 F 端子,如电视天线接至电视 VHF/UHF 端。

各国的电视信号扫描制式与频道宽带不完全相同,按照国际无线电咨询委员会(CCIR)的建议用拉丁字母来区别。如 M 代表每秒 30 帧、每帧 525 行,视频带宽 4.2 MHz、加上调频伴音和调幅视频的残留下边带的总高频带宽是 6 MHz;D,K 代表每秒 25 帧、每帧 625 行,视频带宽 6 MHz,高频带宽 8 MHz。将视频基带的全电视信号连同伴音信号分别调制到甚高频(VHF)或超高频(UHF)频段上进行广播发射。

国际上划分给电视广播用的频段在甚高频有 Ⅰ、Ⅲ 频段,在超高频有 Ⅳ、Ⅴ 频段。电视频道则是某一路电视广播的频率占有的标称频道位置。各国采用的电视标准不同,频道划分也不同。在中国,Ⅰ 频段 48.5~92 MHz,分为第 1~5 频道;Ⅲ 频段 167~233 MHz,分为第 6~12 频道(表 1);Ⅳ 频段 470~566 MHz,分为第 13~24 频道;Ⅴ 频段 606~958 MHz,分为第 25~68 频道。每个频道占有的频率间隔是固定的。中国的 625 行 25 帧 D,K 制式的标准中对图像载频 f_p 进行调幅,为保持低频的相位特性而采用残留边带形式。部分抑制下边带后的图像信号频段相对于 f_p 是 $-0.75 \sim +6$ MHz,伴音信号对伴音载频 f_s 进行调频,伴音载频比图像载频固定高 6.5 MHz,调制后的伴音信号频率范围相对于 f_s 为 ± 0.25 MHz。这样每个电视频道共占用 8 MHz 的频率范围。

频谱及傅里叶变换相关知识

1. 频谱测量

在频域内测量信号的各频率分量,以获得信号的多种参数。频谱测量的基础是傅里叶变换。

2. 频谱的两种基本类型

离散频谱(线状谱),各条谱线分别代表某个频率分量的幅度,每两条谱线之间的间隔相等;连续频谱,可视为谱线间隔无穷小,如非周期信号和各种随机噪声的频谱。

3. 快速傅里叶变换

频谱分析以傅里叶分析为理论基础,可对不同频段的信号进行线性或非线性分析。快速傅里叶变换(FFT)是实现离散傅里叶变换、进行时-频域分析的一种快速有效的算法。

FFT 算法经过仔细选择和重新排列中间计算结果,完成计算的速度比离散傅里叶变换有明显提高,因而在数字式频谱仪等仪器中得到广泛应用。

最常见的 FFT 算法:基 2 的时间抽取法,即蝶形算法。若频谱分析的记录长度为 N(N 常取 2 的幂次),进行离散傅里叶变换所需的计算次数约为 N^2,蝶形算法需要的次数为 $N \lg 2^N$。

4. 信号频谱分析的内容

对信号本身的频率特性分析,如对幅度谱、相位谱、能量谱、功率谱等进行测量,从而获得信号不同频率处的幅度、相位、功率等信息;对线性系统非线性失真的测量,如测量噪声、失真度、调制度等。

技术扩展：几种提高测量精度方法

一、对仪器进行校准

一般频谱仪都具备内部校准信号，在测量前，可对仪器内部参数进行校准，提高测量的精度。新型频谱仪还设计有自校程序，测量一段时间后，可自行对仪器内部各参数进行自校，使仪器处于最佳测量状态。自校程序可以确保整个测量过程的精度，减少某些参数改变（如改变分辨率带宽）所带来的不确定性，使测量具有更大的操控自主权。

二、使用外部校准信号进行校准

由于内部校准信号具有一定的精度和固定频率，所以使用其对仪器校准，再测量其他频率，必定为测量引入校准器输出和频率响应的不确定性。要减少校准器输出不确定性的影响，可以用精度更高的信号源和功率计去校准参考电平；要减少频率响应不确定性的影响，可以用与待测信号频率相近的信号源和功率计去校准参考电平，用点对点的校准方法在一定频率范围内降低频率响应对测量的影响。

三、减少仪器参数的变换

很多误差是由于仪器参数发生改变而出现，因此在测量过程中尽可能减少对仪器参数的变换，特别是一些没必要的参数切换。从另一角度讲，如果测量过程中有对某一参数进行变换，则应考虑其对测量结果的影响。

四、用中频增益不确定度分量代替刻度精度不确定度分量

中频增益和显示刻度精度之间也可以折中考虑，选择合适也能消除它们的不利影响。如在相对电平测量中，如果中频增益不确定度分量比显示刻度不确定度分量小，可以通过调节参考电平，使两个信号都处于某垂直刻度上，使用频标来读其数值，两者之差为测量结果，这就消除了显示刻度精度不确定度分量的影响。

五、前置放大器

现在许多频谱仪都内置了放大器，使频谱仪系统的噪声系数降低，提高了系统的灵敏度。然而要注意前置放大器的增益不平坦性和失配可能会引入比刻度精度更大的不确定度分量。

六、改善灵敏度

使用频谱仪测量信号幅度，显示幅度是在通道内信号和噪声共同作用下的测量结果。当信号与噪声很接近（相差小于 10 dB）时，显示幅度和真正幅度之间误差会较大。因此，在测量小信号时，要尽可能降低噪声电平，选择减少分辨率带宽，可以降低噪声电平，提高信噪比。

七、减少失配

失配、损耗等是影响测量不确定度的重要因素,减少失配对提高测量的准确性有重要意义。当频谱仪输入衰减器设置为 0 dB 时,输入匹配最差,因此,应尽量不把输入衰减器设置在 0 dB 位置。

本章小结

1. 时域测量和频域测量是从不同的角度去观察同一事物,故两者各有特点,互为补充,具体工作中要根据具体的测量内容来选择相应的测量方法。

2. 利用扫频信号的测量是动态测量,具有直观、方便、快速、在测量的同时可以调试等优点。

3. 频率特性测试仪常用于测量各种电路或系统的幅频特性,实际是示波器的一种扩展应用。扫频振荡器是测量的激励源,是仪器的核心部件。产生扫频信号的方法主要是变容二极管扫频(如 BT-4)和磁调制扫频(如 BT-3)。其基本思路是:利用扫描信号连续改变振荡回路中的电容或电感的大小,从而实现扫频。

4. BT-3 型扫频仪屏幕上横坐标频率的读数,是根据叠加在显示的被测曲线上的频标来确定。

5. 频谱仪主要用于分析电信号的频谱,其测量功能较多,应用广泛。目前使用最多的是超外差频谱仪。

第6章 使用逻辑分析仪测量数字参数

数据域测试仪器是指用于数字电子设备或系统的软件与硬件设计、调试、检测和维修的电子仪器。数据域测量的典型应用是数字系统的故障诊断、定位和信号的逻辑分析。

逻辑分析仪是典型的数据域测试仪器,常用于数字系统和设备的调试与故障诊断,特别是在微机系统的研制开发以及调试与维修中广泛应用。

学习目的与要求

通过完成测量任务,掌握逻辑分析仪的工作原理,合理选择测量仪器;了解逻辑分析仪的按钮分布及具体功能;通过逻辑分析仪完成对数字信号的测量,包括逻辑状态分析和定时分析。

▼ 课件
第 6 章

▼ 测量任务
完成航空电子信号
采集系统数据测量

6.1 概　述

▼ 微课
数据域测试相关
理论

一、数据域测试与模拟域测试

随着电子技术的日益发展,特别是近年来数字集成电路和计算机技术的发展,使许多传统的测试理论、方法和技术不再能适应新的测试需求。这就使得现代测试技术中出现了一个新的测试领域——数据域测试。

模拟域测量已为大家所熟悉,它包括了时域测量和频域测量。时域测量研究的是被测量与时间的关系,频域测量研究的是被测量与频率的关系。模拟域测量的理论基础是傅里叶分析、拉普拉斯变换以及电路的基本理论。在测量仪器中,信号发生器、示波器和频谱分析仪等是它的典型应用。数据域测量的理论基础是数字电子学和逻辑代数。数字系统的故障诊断、定位和信号的逻辑分析是数据域测量的典型应用。

众所周知,大规模集成电路的内部电路是相当复杂的,外部的测试点又比较少,如何通过这些测试点去检测电路的内部工作过程;在微机系统中,硬件和软件故障应

▼ 学习引导问题
1. 什么是数据域测试?它有什么特点?
2. 数据域测试与模拟域测试有何区别与联系?
3. 数字系统的测试包括哪几个方面?

如何来查找等,这些问题是需要用测量来解决的。数据域测试仪器是指用于数字电子设备或系统的软件与硬件设计、调试、检测和维修的电子仪器。数据域测试研究的内容是在某个事件 E 中,通过一个数据字 W 的变化,来反映系统的特征 F 是正常还是有故障,这可以用一个函数式来表示,即 $F=f(W,E)$。这个数据字和事件的函数可与时域的电压和时间的函数 $F=f(u,t)$ 相类比。因此,逻辑分析仪有触发字条件,这与示波器的触发条件相类似。

通常,数字系统的测试包括两个方面:一是参数测试,例如测电压、功率、负载能力等,这可以用传统的时域、频域测量方法来解决;二是逻辑测试,数字系统的信息通常是由时间或二进制数据字组成,因而数据的测试常要进行逻辑定时关系和逻辑状态的测试。

对于一个有故障的数字系统,首先要判断逻辑功能是否正常,其次要确定故障的位置,最后分析故障原因,这个工作过程称为故障诊断。要实现故障诊断,通常要在被测件的输入端加上一定的测试序列信号,然后观测整个输出序列信号,将观测到的输出序列与预期的输出序列进行比较,从而获得诊断信息。常用的简易测试工具是逻辑测试笔,但要进行较为全面与准确的测试则要用到特征分析仪和逻辑分析仪。

二、逻辑电路测试方法举例

1. 对比测试法

对比法是一种比较测试的经典方法。原理如图 6-1 所示,要实现故障诊断,通常要在标准件 A 和被测件 B 的输入端加上一定的测试序列信号 $X=(X_1,X_2,\cdots,X_n)$,然后将它们的输出加至一个**异或**门比较电路上,观测输出信号,将观测到的输出序列与预期的输出序列进行比较,从而获得诊断信息。

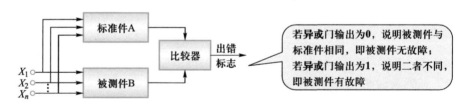

图 6-1　对比测试法

2. 示波器法

利用双踪或多踪示波器可以观察某些时序逻辑电路的逻辑功能。

3. 特征分析法

信号的特征分析是一种对数字系统进行检测维修的简单易行的方法。数字系统设计师将正常的特征信号标注在电路板或原理图的测试点上,检测维修人员可检测这些点的数字信号,将其与正常的特征信号相比较,即可分析、判断故障。

特征分析的实质就是数据压缩,将测试点长的数据流进行压缩,在压缩的结果中必须保留数据流中的错误。数据压缩常利用循环冗余校验法,即用伪随机信号发生器进行误差检验。

三、逻辑分析仪的特点与基本结构

▼学习引导问题

1. 逻辑分析仪的基本结构是什么？

2. 逻辑分析仪有哪几种类型？

3. 逻辑分析仪的工作主要有哪两个方面？

逻辑分析仪常用于数字系统和设备的调试与故障诊断,特别是在微机系统的研制开发以及调试维修中广泛应用。逻辑分析仪常分为状态分析仪和定时分析仪两种。状态分析仪可以进行状态的显示、跟踪和故障诊断等;定时分析仪可以显示出微处理器的定时关系,例如,I/O 线之间的时间关系以及逻辑门之间的传输延迟等。

1. 特点

为了满足对数据流的检测要求,逻辑分析仪具有下列特点。

① 足够多的数据通道,便于多通道的同时观测。

② 具有多种触发功能,使逻辑分析仪能从大量的数据流中获得有分析意义的数据。

③ 具有多种取样方式。

④ 利用高速存储器快速记录数据,存储容量的大小决定获取数据的多少。可以存储触发前的数据,以利于分析故障。

⑤ 具有对获取的数据进行鉴别挑选的限定能力。

⑥ 为适应不同的逻辑分析,有多种显示方式。

⑦ 具有驱动时域仪器的能力。当数字系统的故障与时间有关时,可以驱动示波器来配合分析故障。

表 6-1 为逻辑分析仪与示波器在检测范围、输入通道数、触发方式及显示方式上的对比。

表 6-1　逻辑分析仪与示波器的比较

功　　能	逻辑分析仪	示　波　器
检测方法和范围	利用时钟脉冲采样,显示触发前后的逻辑状态	模拟示波器显示触发后的波形;数字存储示波器显示触发前后的波形
输入通道	容易实现多通道(16 通道或更多)	很难实现多通道(一般 2 通道)
触发方式	数字方式触发,可多通道逻辑组合触发,容易实现与系统动作同步触发,也可以进行多级按顺序触发;具有驱动时域仪器的能力	模拟方式触发(数字存储示波器有数字触发),根据待定输入信号进行触发,很难实现与系统动作同步触发,不能实现多级顺序触发
显示方式	把输入信号变换为逻辑电平后加以显示;显示方式多样,有状态、波形、图形、助记符号等	原封不动地即时显示输入信号波形

2. 逻辑分析仪的基本工作原理

逻辑分析仪由数据捕获和显示两部分构成,其基本结构方框图如图 6-2 所示。

练习▼

1. 信号的数据域测试有什么特点？

2. 数据域测试有哪些简易方法？

延伸学习▼

一种逻辑分析仪的技术指标

学中做▼

选择测量所需逻辑分析仪，填写数据测量计划工作单

微课▼

逻辑分析仪基本工作原理

学习引导问题▼

1. 逻辑分析仪进行数据捕获的作用是什么？

2. 逻辑分析仪进行数据捕获所使用的工具是什么？它的基本原理是什么？

3. 逻辑分析仪的数据捕获方式有哪些？各自的特点是什么？

4. 什么是毛刺？哪种数据捕获方式能发现数据中的毛刺？

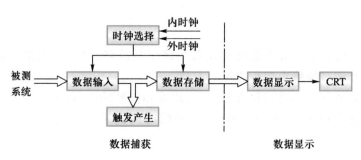

图 6-2　逻辑分析仪基本结构方框图

数据捕获部分的作用是快速捕获并存储要观察的数据。其中数据输入部分将各通道采集到的信号转换成相应的数据流；触发产生部分在数据流中搜索特定的数据字，当搜索到特定的触发字时，就产生触发信号去控制数据存储器；数据存储器部分根据触发信号开始存储有效数据或停止存储有效数据，以便将数据流进行分块（数据窗口）。

数据显示部分则将存储在存储器里的有效数据进行处理并以多种显示方式显示出来，以便对捕获的数据进行分析和观察。

逻辑状态分析仪内部没有时钟发生器，用被测系统时钟来控制记录速度，与被测系统同步工作，对解决程序的动态调试非常有效；逻辑定时分析仪内部有时钟发生器，在内时钟控制下记录数据，与被测系统异步工作，主要用来调试检测硬件。为提高测量精度和分辨力，定时分析仪的内时钟频率应远高于被测系统的时钟频率。

6.2　逻辑分析仪的基本工作原理

一、数据捕获

数据捕获部分的作用是在测试的数据流中开个窗口，把对分析有意义的数据存入到逻辑分析仪的存储器中，窗口的大小就是存储器的容量。

1. 输入探头

输入探头是用来连接逻辑分析仪与被测系统的，按用途分为数据探头和时钟探头两种，其结构大致相同。对于具有多通道的逻辑分析仪来说，各个通道的输入探头电路是完全相同的。如图 6-3（a）所示为数据探头的示意图，它是高速高输入阻抗的有源探头。输入的数据信号通过比较器与阈值电平进行比较，如果输入信号大于阈值电平，输出为逻辑 **1**，反之为逻辑 **0**，如图 6-3（b）所示。为检测不同逻辑电平的数字系统（如 TTL、ECL、CMOS 等），阈值电平一般在 $-10 \sim +10$ V 范围内可调。

时钟探头接在被测系统的时钟上，作为分析仪的采样时钟。为了与数字系统采

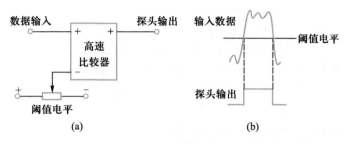

图 6-3 数据输入探头及其波形

样时钟沿(上升沿或下降沿)保持一致,时钟探头应能选择上升沿或下降沿,如图 6-4 所示。由此,时钟探头与数据探头的区别仅在于:输入的时钟经带有互补输出的比较器后,即可根据需要产生上升沿或下降沿的时钟输出。

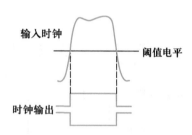

图 6-4 时钟输入探头及其波形

2. 数据捕获方式

在逻辑分析仪中,数据捕获方式一般有以下三种。

(1)采样方式

采样方式是当采样脉冲到来时,对探头中比较器输出的逻辑电平进行判断。如果比较器的输出为低电平,则采样电路的输出亦为低电平一直维持到下一个采样脉冲到来为止;如果比较器的输出为高电平,则采样电路的输出亦为高电平一直维持到下一个采样脉冲到来为止,如图 6-5 所示。显然,采样方式所显示的波形不是被测信号的实际波形,而是一种伪波形,反映不出信号的时域特点,特别是不能对发生在时钟脉冲之间的毛刺脉冲进行采样,而毛刺常是硬件故障产生的原因。

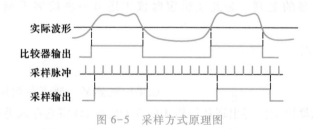

图 6-5 采样方式原理图

(2)锁定方式

锁定方式是专门用来捕捉出现在两个采样脉冲之间的毛刺的。在锁定方式下,逻辑分析仪内部的锁定电路能捕捉到毛刺并把一个很窄的毛刺展宽,一般可以捕捉到 1 ns 的窄脉冲,并把毛刺信号展宽为一个采样时钟周期,以便于观察和分析。图 6-6(a)所示为采样/锁定方式的逻辑工作原理图,当选择"锁定"方式时,就可以发现发生在时钟周期间的毛刺脉冲,并在 Q_2 输出端复现毛刺为一个时钟周期宽度,如图 6-6(b)所示。若要只取出毛刺脉冲,可将两种方式的输出信号**异或**即可。

这种方法的优点是线路简单,但是不能检测在信号中跳变沿上出现的毛刺,也

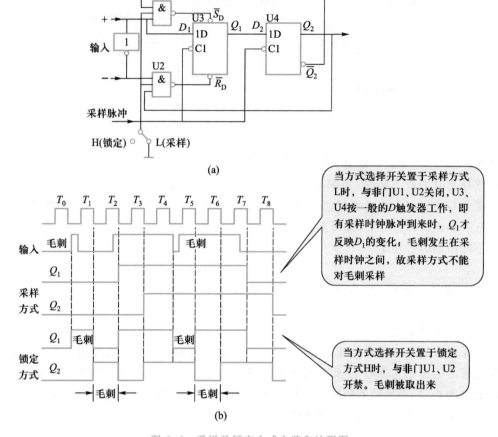

当方式选择开关置于采样方式L时，与非门U1、U2关闭，U3、U4按一般的D触发器工作，即有采样时钟脉冲到来时，Q_1才反映D_1的变化；毛刺发生在采样时钟之间，故采样方式不能对毛刺采样

当方式选择开关置于锁定方式H时，与非门U1、U2开禁。毛刺被取出来

图6-6 采样及锁定方式电路和波形图

不能分辨连续出现的毛刺。为此逻辑定时仪中还有一种检测毛刺的方法即毛刺方式。

（3）毛刺方式

毛刺方式从毛刺的基本概念出发（即在一个取样周期内，出现两个方向逻辑跳变的窄脉冲），采用双向跳变电路检测毛刺。如果检测到某一通道在取样点的信号电平是 **0**，在同一个取样周期内再出现从逻辑 **1** 向 0 的跳变，就将它存入毛刺存储器内，在显示的时候，用一个加亮的竖线叠加到波形上来显示毛刺，如图 6-7（a）所示；如毛刺出现在跳变沿上，也同样用加亮的竖线来表示，如图 6-7（b）；如毛刺和异步时钟沿同时出现时，将像锁定方式一样显示一个时钟周期，如图 6-7（c）所示。

提 示
采样方式不能发现信号中的毛刺，而锁定方式和毛刺方式可以发现毛刺。

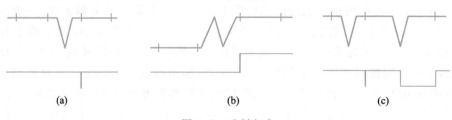

图6-7 毛刺方式

二、触发与跟踪

▼学习引导问题

1. 什么是触发字？它是如何设置的？

2. 什么是跟踪？

3. 逻辑分析仪有哪些触发功能？

4. 什么是始端触发？什么是终端触发？

5. 什么是毛刺触发？

对于一个正在运行的数字系统来说，数据流是无穷尽的，而存储数据的存储器的容量和显示数据的显示器尺寸却是有限的。因此，要把所有数据存储后进行显示是不可能的。如何找到对分析有意义的数据流并将它们存储下来加以显示就变得尤为重要。

在逻辑分析仪中，通常利用设置触发字的方法来对数据流分段，就好比在数据流中开一个窗口。在测试过程中，若预先设置的触发字与输入的数据相符时，就产生触发，分析仪找到所需的数据并显示出来，这一过程称为跟踪。如图 6-8 所示，预置触发字为 **1111**，当 CH1、CH2、CH3、CH4 通道上的数据流在某一时刻同时为 **1111** 时，即产生触发。

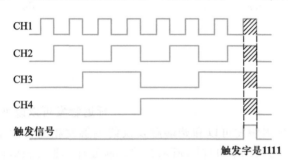

图 6-8　预置触发字

以触发字为基础，再加上触发限定条件，即可实现多种触发方式的选择以满足不同的分析要求。如图 6-9 所示，利用"触发识别"选择出符合预置触发字的触发信号；利用"限定识别"选择出识别信号，二者相**与**选择出受限定的触发信号；时钟信号与限定识别信号相**与**选择出受限定的时钟信号，控制存储器的写时钟。

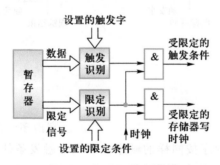

图 6-9　触发电路方框图

所有的逻辑分析仪都有触发功能，常用的有以下几种。

1. 基本触发

主要有始端触发和终端触发两种方式。

当分析仪识别出触发字时，就开始存储有效数据，存满为止。存储器中存储的是从触发开始以后的数据，在显示器上显示的是以加亮成反底的触发字为首的一组数据字，这就是始端触发，如图 6-10(a)所示。

当分析仪判定存储器中存满新数据后,就开始搜索触发字,一旦识别出触发字,就停止存储,这样保存在存储器中的数据是以触发字为终点之前的数据,在显示器上显示的数据,以加亮成反底的触发字在最后一行。这就是终端触发,如图 6-10(b)所示。

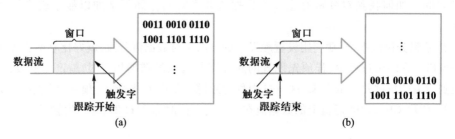

图 6-10　基本触发功能

2. 延迟触发

延迟触发是当分析仪在数据流中搜索到触发字时,并不立即跟踪,而是延迟一定数目的数据字以后,才开始或停止存储有效数据,延迟触发可以改变数据窗口与触发字间的相对关系。延迟触发可以和始端触发及终端触发相配合使用,如图 6-11(a)所示为始端触发加延迟;图 6-11(b)所示为终端触发加延迟,若选择延迟数等于存储器容量的一半时,触发字位于窗口的中间,这称为中间触发,可以捕获到触发前后的数据。

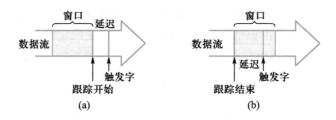

图 6-11　延迟触发

3. 序列触发

序列触发是为了检测复杂分支程序而设计的。它由多个触发字按预先设定的次序排列,而当被观察的程序按同样的顺序先后满足触发条件时,分析仪才能触发跟踪。如图 6-12 所示,只有依次满足条件 A→B→C→D→E 后,分析仪才能触发。

4. 毛刺触发

用在指定通道上检测出的毛刺作为触发信号,触发逻辑定时仪实现对数据的跟踪被称为毛刺触发。在数据字系统中,经常有毛刺出现,但并不是所有的毛刺都会带来问题,所以应当把可能造成问题的毛刺分离出来。因此常将可能要出现问题的状态和毛刺一同定为触发条件,即当指定输入线上的毛刺和给定的状态都出现时分析仪就将被触发。如图 6-13 所示,输入信号为高电平时为可能出现问题的状态,由于探头对输入信号的采样是在时钟沿上进行的,因此毛刺 1 和毛刺 2 均满足触发条件。

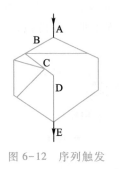

图 6-12　序列触发

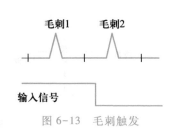

图 6-13　毛刺触发

三、数据存储

数据采样以后要存入存储器,通常是将数据流存入到随机存储器中。存储器的存储方式可以有不同的形式。

1. 顺序存储

存储器的容量是有限的,每个有效时钟到来时,将存入新的数据,这些数据逐步移位,因此采用先进先出的顺序存储方式。按地址顺序存入数据,存满以后再输入新的数据时,最先存入的数据将溢出而被冲掉,这样存储器中始终保存着最新采样的一段数据。取数时按首地址开始顺序取数,先进先取数。

2. 选择性存储

选择性存储可以有效地利用存储空间,只选择数据流中的特殊部分来存储。例如,用一个附加条件来选通时钟,称为时钟限定。如图 6-14 所示,图中假设对存储器的读操作进行检测,因此选择存储器的读、写信号作为时钟限定信号。若限定 **1** 有效,则读/写信号为高电平时,分析仪对读操作数据进行取样;若限定 **0** 有效,则读/写信号为低电平时,分析仪对写操作数据进行取样。图中示出了时钟限定条件为 **1** 时所得的结果。

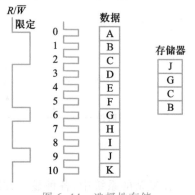

图 6-14　选择性存储

四、数据显示

为了对数字系统进行有效地分析,逻辑分析仪有多种显示方式。

1. 状态表显示

状态表显示用于逻辑状态分析仪。这种方式是用字符组成不同形式的表格来显示数字系统的逻辑状态或程序。通常状态表可采用二、八、十、十六进制字符或 ASCII 码。对于带微机的系统,逻辑分析仪将采集到的数据进行反汇编,以助记符形式显示总线上数据,这种显示结果可以直接和程序表进行比较,以便于软件的诊断以及监视系统的运行。

2. D/A 显示

D/A 显示是把状态表显示图形化,以便对数据流进行快速宏观分析。用一系列光点组成一个图形来表示一个状态序列,其中每一个光点代表一个数据字。光点的 X 坐标表示执行顺序,Y 坐标表示每个数据字的数据值(即等效模拟量),如图 6-15 所示。

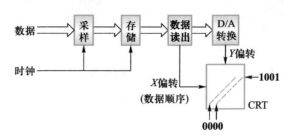

图 6-15　D/A 显示

3. 映射图显示

映射图也称点图,通过它可以获得程序流活动的宏观概貌。把存储器中获取的每个数据字分成低位和高位两部分,再分别经 D/A 转换器转换成模拟信号,驱动 CRT 的 X 轴和 Y 轴偏转合成一个光点。每个数字系统都有自己的映射图,如图 6-16 所示。

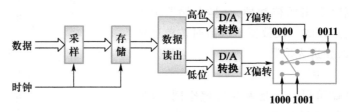

图 6-16　映射图

在复杂的系统中,各种显示方式可以相互补充。例如,分析故障时,首先有映射图对系统进行全面考察,根据图形的变化,指出问题的大致范围,然后用 D/A 显示作详细检查,缩小故障范围,最后用状态表找出错误的字和位。

4. 定时图显示

定时图显示用于逻辑定时分析仪。定时仪在内时钟沿上采样,与被测系统异步工作,它将每个数据通道的信号显示成一个时间关系图,如图 6-17 所示。与示波器不同,它显示的并不是信号的真实波形,而是在内时钟沿上信号的逻辑电平(1 或 0),并且这些电平停留的时间为一个内时钟取样周期,没有信号的瞬变过程,振荡或噪声等时域的测量特征。

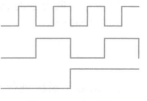

图 6-17　定时图

五、数据的建立时间和保持时间

为了保证逻辑分析仪所捕捉数据的准确性和可靠性,还必须注意取样时钟与被测数据的时间关系。我们知道,逻辑分析仪是在时钟跳变沿将数据存储到存储器中的,由于系统内各数字信号的跳变时间不一致以及存储器输入端寄生电容等因素的

学习引导问题 ▼

1. 逻辑分析仪的数据建立时间和保持时间有什么含义?

2. 数据建立时间和保持时间会影响逻辑分析仪的什么技术指标?

影响,在时钟跳变沿到来之前,数据流就应出现在存储器的输入端,并保持一段时间。因此,所谓建立时间 T_s,就是在时钟跳变之前,数据必须提前出现在存储器输入端的最小时间;保持时间 T_h,就是在时钟跳变之后,数据必须继续保持的最小时间,如图 6-18 所示。

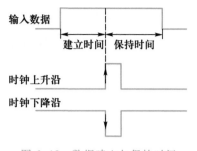

图 6-18　数据建立与保持时间

数据建立时间和数据保持时间之和决定了能够检测到的数据的最小时间间隔,即最高取样速率。在很多数字系统中,数据是在有效时钟的几个毫微秒之内变化,为使逻辑分析仪跟踪上当前的数据,还应使分析仪具有零保持时间。

本章小结

1. 数据域测试研究的内容是在某个事件中,通过一个数据字的变化来反映系统的特征是正常还是有故障。数字系统的测试包括参数测试和逻辑测试。

2. 逻辑分析仪具有多个通道、可存储触发前的数据、可检测出时钟间的毛刺脉冲等特点。其基本组成分为两部分:数据捕获和数据显示。

3. 逻辑分析仪的数据捕获方式有:取样方式、锁定方式、毛刺方式。

4. 逻辑分析仪的触发方式有:基本触发方式、延迟触发方式、毛刺触发方式、序列触发方式。

5. 逻辑分析仪的存储方式有:顺序存储方式、选择性存储方式。

6. 逻辑分析仪的显示方式有:状态表方式、D/A 显示方式、映射图显示方式、定时图显示方式。

▼ 练习

1. 逻辑状态分析仪与定时仪在工作原理及应用上有什么不同?

2. 状态表显示、D/A 显示、映射图显示各在什么场合下应用?

3. 逻辑分析仪进行数据存储的几种形式是什么?各自的特点是什么?

4. 逻辑分析仪的数据建立时间和保持时间有什么含义?

▼ 学中做

计划测量方案与步骤,填写数据测量计划工作单

▼ 延伸学习

一种逻辑分析仪使用说明

▼ 学中做

完成数据测量,填写数据测量实施检验工作单

　　自动测试系统(ATS)是指在最少人参与的情况下,利用计算机执行软件程序,控制测试过程并进行数据处理,并以适当方式给出测试结果的测试系统,它具有很强的通用性和多功能性。自动测试系统常用于人们无法进入的有损测试人员健康的场所,以及无人值守的场所,以及用于操作人员参与操作会产生人为误差的测试场所,它还特别适用于要求测量时间短而数据处理量极大的测试任务中。

学习目的与要求

　　要求掌握自动测试系统的基本结构、通用接口总线系统(GPIB)的结构性能和总线中信息传递的过程,了解 PXI 总线的结构,能使用简单的自动测试系统完成测试任务。

7.1 概　　述

课件 ▼
第 7 章

测量任务 ▼
完成宽带接收机幅频特性测量

学习引导问题 ▼
1. 自动测试系统经历了哪些发展阶段?
2. 不同时期的自动测试系统的特点是什么?

知识库

1. 测试系统的基本概念。
2. 自动测试系统的基本概念。

　　为完成某项测试任务而按某种规则有机地互相连接起来的一套测试仪器(设备)被称为测试系统。这是狭义的测试系统,广义的测试系统还应包括测量者(人员)、测试对象和测试环境。

　　一个测试系统,由人工操作完成特定的测试任务,被称为手动测试系统。通常把在最少人参与的情况下,利用计算机执行程序,控制测试过程并进行数据处理直至以适当方式给出测试结果的测试系统称为自动测试系统。

　　一、自动测试系统的发展

　　第一代自动测试系统主要用来进行逻辑定时控制,它已经开始采用计算机技术,主要功能是进行数据自动采集和自动分析,而且还要完成大量重复的测试工作,承担繁重的数据运算和分析任务。系统中的仪器采用专用接口,因此通用性差。

为了系统组建方便,第二代自动测试系统中的仪器采用标准化的通用接口。这样就可以把任何一个厂家生产的任何型号的可程控仪器连接起来形成一个自动测试系统。第二代自动测试系统的典型方框图如图 7-1 所示。

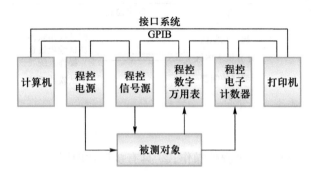

图 7-1   自动测试系统的典型方框图

在系统中,所有的程控仪器、设备都简称为器件。各器件均配备标准接口,并联在通用接口总线上。因此各器件可用于任何一个自动测试系统,也可以作为单个仪器在系统以外使用。一个自动测试系统也可以作为另一个系统中的子系统而成为其一个器件。

在第二代自动测试系统中,应用最为广泛的是通用接口总线(General Purpose Interface Bus,GPIB)。第二代自动测试系统具有:测量速度快、高精度和高分辨力、多功能和多种参数的测量、频带宽、量程宽、自校正、自诊断以及多种显示与输出方式等优点。

> 鉴于 GPIB 自动测试系统已经在国家各行各业中得到广泛应用,因此在本章中以 GPIB 为主来展开

第二代自动测试系统虽然比人工测试具有无比的优越性,但是计算机的能力并未得到充分的发挥,计算机和测量系统尚未融为一体。20 世纪 70 年代末,又提出了第三代自动测试系统的概念。第三代自动测试系统设计目标是:充分发挥计算机的能力,取代传统电子设备的大部分功能,使之成为测量仪器一个不可分割的组成部分,与整个测试系统融为一体,使整个自动测试系统简化到仅由计算机、通用硬件和应用软件三部分组成。特别是在 1977 年推出了一种名为 VXI 的新型计算机仪器系统总线标准后,出现了基于 VXI 总线的模块化自动测试系统以及虚拟仪器。1997 年和 2005 年分别又推出了一种新型计算机仪器系统总线标准 PXI 和 LXI。

二、现代自动测试系统体系结构

要实现测试的自动化,就必然需要 CPU 和软件,也必须把 CPU、软件与各个要控制的设备(称为程控设备)相连,相连必然要接口,而且各个设备间也需要通信。

从自动测试系统概念出发,可以抽象出现代自动测试系统模型的构造要素:可程控的测试仪器、测试控制器、互连标准数字接口和软件系统,如图 7-2 所示。

▼学习引导问题
自动测试系统有什么样的结构?

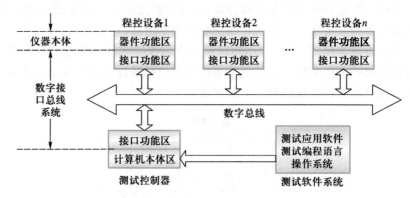

图 7-2 自动测试系统结构模型

1. 可程控的测试设备(程控设备)

对程控设备的要求:① 可程控操作;② 具有接口功能区。

2. 测试控制器

在功能上:测试控制器应该具有两种能力,第一是设备间互连的标准接口总线资源管理能力,第二是对测试系统的测试设备操作控制能力。

在构成上:硬件方面必须配有标准数字接口,以便同测试设备相容互连;软件系统中含有测试应用软件开发环境。

3. 互连标准数字接口总线系统

互连的设备与设备(或说系统与系统)之间用于信息交接的一部分界面,称为接口。

为了在开放式互连设备之间实行数字式信息交换所必需的一整套与设备有关的接口的机械、电气和功能要素,称为数字接口系统。

4. 测试应用软件及其开发环境

在实际应用中,用 PC 机做控制器,测试仪器必须是配备了标准接口的仪器。把仪器和微机连起来后,就可以开发一个专用软件来操纵它了。程序界面友好,操作直观方便,用 Visual C(VC)、Visual Basic(VB)、Delphi 等工具可以快速开发出程序。

 **接口总线系统**

一、通用接口总线系统 GPIB

GPIB 标准总线在仪器、仪表及测控领域得到了最为广泛的应用,如图 7-3 所示。

这种系统是在微机中插入一块 GPIB 接口卡,通过 24 或 25 线电缆连接到仪器端的 GPIB 接口,如图 7-4 所示。当微机的总线变化时,例如采用 ISA 或 PCI 等不同总线,接口卡也随之变更,其余部分可保持不变,从而使 GPIB 系统能适应微机总线的快速变化。由于 GPIB 系统在 PC 出现的初期问世,所以有一定的局限性,如其数据线只有 8 根,用位并行、字节串行的方式传输数据,传输速度最高 1 MB/s,传输距离20 m(加驱动器能达 500 m)。

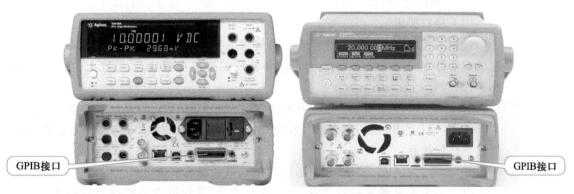

(a) 数字多用表   (b) 任意波形发生器

图 7-3   具有 GPIB 接口的仪器(上图为仪器前面板,
下图为对应的后面板)

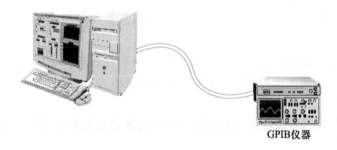

GPIB仪器

图 7-4   计算机使用 GPIB 总线控制台式仪器

GPIB 标准总线规定了接口在机械、电气和功能三方面的有关要求和标准,保证了系统中仪器相互连接的兼容性。GPIB 把实现自动测试控制所必须具备的逻辑功能概括为十种接口功能,不同的设备接口可按需选择。

1. GPIB 的基本性能

① 系统各器件采用总线方式连接,总线连接器包括插头和插座。

② 总线由 24 芯电缆组成,其中 8 条数据线,3 条挂钩线,5 条接口管理线,其余的为屏蔽线和地线。

③ 总线上最多可挂 15 台仪器,每增加一个接口,可以多连 14 台仪器。

④ 互连电缆的传输总长度不超过 20 m,或仪器数目乘仪器间的电缆长度不超过 20 m。

⑤ 总线以位并行、字节串行,采用三线挂钩技术双向异步通信。

⑥ 最大传输率为每秒 1 兆字节。

⑦ 系统内的仪器地址采用 5 位二进制编码,共有 31 个讲地址和 31 个听地址,如

果采用扩展技术,可有 961 个讲址和 961 个听地址。

⑧ 总线上的逻辑采用负逻辑,低电平 ≤ +0.8 V,记为逻辑 **1**;高电平 ≥ 2.0 V,记为逻辑 **0**。

2. GPIB 的结构和功能

(1) 接口要素

接口的目的在于提供一种有效的通信联络手段,以便能在一组互相联系而构成系统的器件中间进行信息交换。为此,各器件的接口在机械上、电气上、功能上必须相容,在运行上必须规范。

① 机械上的相容性:接插头、插座的尺寸,信号线的数目以及位置必须相同。

② 电气上的相容性:每条信号线所允许的电压和电流大小,以及逻辑电平、逻辑极性等必须相容。

③ 功能上的相容性:接口功能、接口消息以及编码惯例等必须相容。

以上三个要素通常被称为接口三要素,它们不管器件的特性和运行而作统一规定。

④ 运行上的相容性:包括测量数据的表示方法和编码格式、程控指令的格式等。这些与器件本身的特性和运行有关。

(2) 系统的三种基本功能

自动测试系统中,不论系统大小、各器件的数据交换是如何频繁和复杂,系统中的器件从作用功能上来说只有三种。

① 控者:有些仪器设备可以对系统中的其他器件进行寻址或发出管理信息,具有控制整个系统协调工作的能力,这种仪器或设备称为控制器,简称控者,如专用控制器、计算机等。

② 讲者:有些仪器设备可以通过接口发送各种数据和信息,称为讲者,如数字电压表、计算机等。

③ 听者:有些仪器设备能够通过接口接收数据,称为听者,如打印机、计算机等。

系统工作时,在某一时刻只能有一台设备是控者,一台设备作为讲者,其余设备作为听者或处于空闲状态,否则就会使系统的工作发生混乱。

(3) 消息

自动测试系统中,在总线上传送的所有信息统称为消息。消息可分为接口消息和仪器消息,如图 7-5 所示。

图 7-5　接口消息与仪器消息

① 接口消息：它是用于实现并管理各种接口功能的控制、挂钩和命令等信息的总称。它只能为仪器的接口功能所接收和利用。接口消息可以通过 8 条 DIO 线来传送，这种用多条 DIO 线传送的消息又称为多线消息。其一般由通令、寻址命令和地址三类消息构成。

a. 通令：它是由控者发布，被总线上所有仪器设备所必须听从和执行的命令。通令的编码格式为：×001××××，其中低四位表示不同的通令编码。GPIB 中使用了五种，如表 7-1 所示。例如，本地封锁 LLO 的编码为：×0010001，它表示控者封锁器件面板上的远地/本地控制按钮，使它不起作用，这时的远地/本地控制由程序来控制。

b. 寻址命令：它由控者发布，只被寻址的仪器设备所听从执行。寻址命令的编码格式为：×000××××，其中低四位表示不同的寻址命令编码。GPIB 中使用了五种。如表 7-1 所示。例如，执行群触发 GET 的编码为：×0001000，它表示被寻址的器件执行触发操作。

c. 地址：地址用来区分系统内的不同仪器设备，以便进行正确的数据传送。一个系统设备的地址可以有以下三种：讲地址、听地址和副地址。讲地址码编码格式为：$×10T_5T_4T_3T_2T_1$，听地址码编码格式为：$×01L_5L_4L_3L_2L_1$，副地址编码格式为：$×11S_5S_4S_3S_2S_1$。其中低五位则可编码组成 31 个讲地址、31 个听地址和 31 个副地址（全 1 除外）。副地址跟在讲地址和听地址后面构成扩展地址，地址数可以扩大 31 倍。仪器的地址确定后，控者向总线发送讲地址和听地址码来完成对仪器的寻址。为了完成寻址，仪器内部一般都设置有地址识别电路。另外仪器的后面板上一般还设有地址开关，以便人工指定仪器的地址。

d. 副令：副令跟在主令后面，是对主令的补充，只有两条：并行点名可能和并行点名不可能。

表 7-1　多线消息及其编码

类别	名称	助记符	编码格式							
通令	本地封锁	LLO	×	0	0	1	0	0	0	1
	仪器清除	DCL	×	0	0	1	0	1	0	0
	发起串行点名	SPE	×	0	0	1	1	0	0	0
	撤销串行点名	SPD	×	0	0	1	1	0	0	1
	并行点名不编组	PPU	×	0	0	1	0	1	0	1
寻址命令	执行群触发	GET	×	0	0	0	1	0	0	0
	进入本地	GTL	×	0	0	0	0	0	0	1
	并行点名编组	PPC	×	0	0	0	0	1	0	1
	选定部件清除	SDC	×	0	0	0	0	1	0	0
	取控	TCT	×	0	0	0	1	0	0	1

续表

类别	名称	助记符	编码格式						
地址与副令	讲地址	MTA	×	1	0	T_5	T_4	T_3	T_2 T_1
	听地址	MLA	×	0	1	L_5	L_4	L_3	L_2 L_1
	副地址	MSA	×	1	1	S_5	S_4	S_3	S_2 S_1
	发起并行点名	PPE	×	1	1	0	S	P_3	P_2 P_1
	撤销并行点名	PPD	×	1	1	1	D_4	D_3	D_2 D_1

② 仪器消息：它是仅与系统中仪器设备本身工作密切相关的一些信息和数据。它也通过接口总线传送,但它穿越接口功能区,仅为仪器功能所接收和利用。仪器消息分程控命令、测量数据和状态数据三类。仪器消息与仪器设备本身特性密切相关,因此难以作出统一规定,只有大致的语法规则。

a. 程控命令:当自动测试系统中的程控仪器一旦被寻址为听者,且同时处于远控模式,则该仪器就可以接收由控制器发来的程控命令,并按命令进行操作或测量。程控命令也是以数据方式传输的,所以程控命令也叫程控代码,有规定的编码格式。例如,某一自动测试系统采用 9730A 编程计算器作为控制器,向系统中的一可程控仪器 HP3455A 电压表发送的程控命令如下:

$$\overbrace{\text{CMD“? \quad U \quad 6”,}}^{\text{地址码}} \quad \overbrace{\text{“F1 R3 A0 H1 M3 T3”}}^{\text{操作码}}$$

在这条程控命令中,地址码是用来寻址的,属于接口消息。其中:

CMD 表示命令,这是一个控制语句,与所采用的控制器有关;

? 表示控制器发不听命令,禁止系统中的一切仪器工作;

U 表示控制器发的讲地址,控制器被寻址为讲者后,作好发送程控操作码的准备;

6 表示控制器发的听地址,电压表被寻址为听者后,作好接收程控操作码的准备。

地址码传送完毕,开始传送程控操作码,属于仪器消息。其中:

,表示定界符,用来区分两类不同的消息。

F1 表示功能是直流电压。

R3 表示量程是 10 V 挡。

A0 表示自动校准断开。

H1 表示高分辨率接通。

M3 表示数学处理程序断开。

T3 表示触发设置在保持/手动方式。

b. 测量数据:仪器所获得的数据,经编码后在讲者和听者之间传送。

c. 状态数据:反映仪器内部状态的一种数据,如忙、闲、准备好等。

在实际工作中,按消息的来源还可把消息分为远地消息和本地消息。只有远地消息通过总线传送。本地消息仅在仪器内部传送,它们不会进入总线。

（4）总线的结构

GPIB 采用 24 芯总线,分为数据总线、挂钩线和管理总线三种。其总线的基本结构如图 7-6 所示。

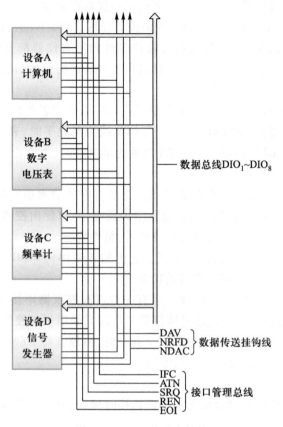

图 7-6　GPIB 的基本结构

① 数据总线:GPIB 中数据总线 8 条,标名为 $DIO_1 \sim DIO_8$。这 8 条 DIO 线用于传送系统内一切远地消息,包括仪器消息和接口消息。

② 数据传送挂钩线:挂钩线有 3 条,用来实现讲者和听者之间的通信联络,确保数据总线能够准确无误、双向异步、有节奏地传输消息,这种传输方式称为三线挂钩。这 3 条控制线称为挂钩线,它们分别如下。

a. DAV(data valid):数据有效线。当为低电平(逻辑 **1**)时,源方向受者表示 DIO 线上载有信息,并且有效,听者可以接收;当 DAV 为高电平(逻辑 **0**)时,表示 DIO 线上没有信息或者即使有信息也无效,听者不应该接收。

b. NRFD(not ready for data):未准备好接收数据线。此线为所有听者所共用,用来向源方表明听者接收数据的准备情况。当 NRFD 为高电平(逻辑 **0**)时,各听者向讲者或控者表明,所有听者都已准备好接收数据;当 NRFD(逻辑 **1**)为低电平时,则表明有部分听者或全部听者还没有准备好接收数据。

c. NDAC(not data accepted):未接收数据线。此线为所有听者共同使用。当 NDAC 为低电平(逻辑 **1**)时,表明部分听者或全部听者尚未接收完数据,讲者或控者必须继续等待,不更新 DIO 线上的数据,直到全部听者都已接收完数据即 NDAC 变为高电平(逻辑 **0**)为止。

③ 接口管理总线:接口管理总线共有 5 条,用来管理接口本身的工作。它们所载有的信息为系统中各台设备通用,被控者选定的仪器都必须接收。

a. ATN(attention):注意线。ATN 线由控者使用。当 ATN 为低电平时,表示数据总线上由控者发布的信息是接口信息,除控者外的所有仪器都要注意接收;当 ATN 为高电平时,表示数据总线上所载的信息是由讲者输出的仪器信息,只有已经被寻址为听者的那些仪器设备才能接收。

b. EOI(end or identify):结束或识别线。EOI 线由控者使用。EOI 线与 ATN 线配合使用有两个作用:当 EOI 线为低电平,ATN 线为高电平时,表示讲者已经传完一个字节的数据;当 EOI 线为低电平,ATN 线也为低电平时,由控者进行点名,用来识别哪个设备提出了服务请求。

c. SRQ(service request):服务请求线。当具有服务请求功能接口的仪器在需要向控者请求服务时,可将 SRQ 线由高电平变为低电平,以便向控者表明要求服务,即要求控者中断当前的工作程序,将它变成讲者,报告情况。

d. IFC(interface clear):接口清除线。它由控者使用,当 IFC 线由高电平变低电平时,命令系统的全部接口恢复到初始状态。

e. REN(remote enable):远控线。当有一台可程控仪器不接入系统而单独使用时,将 REN 线设为高电平即可,这时该仪器工作时只受面板的控制;当要将仪器接入一个自动测试系统中并成为系统中的一个器件时,由控者将 REN 线设为低电平并配合 ATN 线,接入的仪器就能接受系统控制了。

(5) 接口功能

接口功能是系统中各仪器设备和总线连接时接收、处理和发送消息的能力,具体分为 10 种。

① SH(source handshake):源挂钩能力。它是数据传送过程中的源方用来向受方进行挂钩联络的。它向总线输出"数据有效或无效消息",并检测受方通过总线发来的"未准备好或已准备好接收数据消息"以及"未收到或已收到数据消息"的挂钩联络信号。SH 功能是系统中的讲者或控者必须配置的接口功能。

② AH(acceptor handshake):受者挂钩能力。它是数据传送过程中的受方用来向源方进行挂钩联络的。它向总线输出"未准备好或已准备好接收数据消息"、"未收到或已收到数据消息",并检测源方通过总线发来的"数据有效或无效"的挂钩联络信号。AH 功能是系统中的听者必须配置的接口功能。

③ T(talker or extended talker):讲者功能。它用来将程控数据、测试数据或状态字节通过接口系统发送给其他设备。只有被寻址为讲者的设备在发送信息时才具有这种能力。具有讲者功能的设备必须同时具备源功能。

④ L(listener or extended listener):听者功能。它用来接收来自讲者或控者的消息,并且只有受者功能通过三线挂钩来接收信息。

⑤ C(controller):控者功能。它用来向系统中的其他设备发送各种接口信息或对各部分进行串行点名或并行点名以便确定哪台设备提出了服务请求。只有在系统中起控制作用的设备才具有控者功能。

⑥ SR(service request):服务请求功能。当系统中的某一个设备在运行过程中遇

到诸如过载、程序不明、测量结束或出现故障等情况时,该设备的 SR 功能就通过 SRQ 线通知控者。当控者完成了正在进行的一个信息传输后,立即中断原程序,转向串行点名,找到"请求服务者",了解请求内容并采取相应的措施。

⑦ RL(remote local) :远地/本地控制。在没有进行远地控制之前,系统中所有程控设备都在各自的本地控制下工作。当控者使 REN 线从高电平变为低电平时,同时令 ATN 线为低电平,再发出一个本地封锁命令,使所有设备面板上的返回本地按钮不起作用,而处于远地控制。

⑧ PP(parallel poll) :并行点名功能。控者为了定期检查并获得系统中的各台仪器的工作状态,要向系统中各仪器设备同时发出并行点名的信息,各设备接收到此信息后只有那些配有 PP 功能的仪器通过预先分配给它的某条 DIO 线作为响应线做出响应,控者依据 7 条数据总线的电平高低就可知道有无服务请求以及是哪些设备提出了服务请求。

⑨ DT(device trigger) :器件触发功能。它是用来启动系统中的某一台或几台设备。在具有 DT 功能的某设备收到控者发来的要求触发的接口信息之后,就通过接口中的仪器触发功能发出一个内部信息,启动本设备工作,并开始执行规定的操作。

⑩ DC(device clear) :器件清除功能。当设备收到控者发来的仪器清除信息后,通过仪器接口内的 DC 功能发出一内部信息使该设备恢复到初始状态。DC 是通过数据总线发送过来的,而接口清除信息 IFC 是通过接口清除线发送的。

由此,在十种接口功能中,源挂钩、受者挂钩、讲者、听者和控者五种接口功能是最基本的功能。每台仪器并非要将十种接口功能配置全,例如,一个信号源就只需配 AH、L、RL 和 DT 等接口功能就行了。数字电压表只需配 AH、SH、L、T、SR、RL 和 DC 等功能。

3. 三线挂钩技术

三线挂钩技术就是利用 DAV、NRFD 和 NDAC 三条线来控制信息从源方向受者进行传送的过程。三线挂钩技术的工作过程如图 7-7 所示。

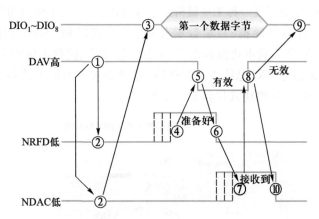

图 7-7　三线挂钩过程示意图

① 源方开始令数据有效 DAV 线为高电平,这时数据无效。

② 受者开始令 NRFD 线和 NDAC 线为低电平,表示所有受者都没有准备好接收

数据以及没有一个受者接收到数据。

③ 源方检查 NRFD 线和 NDAC 线是否均为低电平,如果是,就将第一个字节的数据放到数据总线上去。

④ NRFD 线由低电平变为高电平,表示各受者都已准备好接收数据,其中虚线表示不同受者发出已准备好接收数据的时间是不同的。

⑤ 源方发现 NRFD 线为高电平,遂令 DAV 线为低,表示此时 DIO 线上的数据已经稳定而且有效。

⑥ 第一个受者(速度最快的一个)在接收数据后令 NRFD 线变为低电平,表示已开始接收数据,其他受者随后以各自的速度相继接收数据。

⑦ 第一个受者令 NDAC 线为高电平,表示已接收完数据,但由于其他受者尚未接收完数据,故 NDAC 线仍为低电平。直到最后一个受者接收完数据,这时 NDAC 线才变为高电平。

⑧ 源方发现 NDAC 线为高电平后,遂令 DAV 线为高电平,向受者表明 DIO 线上数据已无效。

⑨ 源方撤离数据总线上的数据字节。

⑩ 各受者得知 DAV 线为高电平后,就令 NDAC 线为低电平,为下一次接收作好准备,三线重新处于初始状态。

使用三线挂钩技术,使数据传输过程中具有不同速率的源方和受者之间能实现自动协调,保证了传输数据的可靠性。

源挂钩能力和受者挂钩能力只能对源方和受者之间起联系作用,不能直接执行发送和接收数据的任务,这一任务是由讲者功能和听者功能完成的。所传输的信息要按规定进行编码后才能被电路所接受。

二、VXI 总线

VXI 总线(VME extension for instrumentation)。该总线是 VME 计算机总线在仪器领域中的扩展,VME 总线是一种工业微机的总线标准,主要用于微机和数字系统领域。

VXI 总线具有小型便携、高速数据传输、模块式结构、系统组建灵活等优点。1998 年修订的 VXI 2.0 版本规范提供了 64 位扩展能力,使数据传输率进一步提高到 80 MB/s。缺点是组建 VXI 总线要求有机箱、零槽管理器及嵌入式控制器,造价比较高。图 7-8 为一个 VXI 模块式仪器系统示意图。

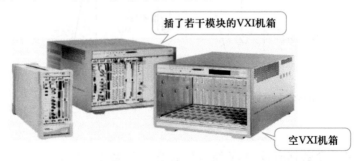

插了若干模块的VXI机箱

空VXI机箱

图 7-8　VXI：VME 总线在仪器领域的扩展

三、PXI 总线

PXI（PCI extensions for instrumentation）充分利用了当前最普及的台式计算机高速标准结构——PCI，是一个模块化的平台。系统的物理主机是一个拥有 2~31 个槽位的机箱，有的机箱还带有内置的显示器和键盘，如图 7-9 所示。机箱的第一槽（Slot 1）是控制器槽。目前可以使用的控制器有很多，最常见的两种是嵌入式控制器和 MXI-3 总线桥。嵌入式控制器是专为 PXI 机箱空间设计的常规计算机；MXI-3 则是一种通过台式计算机控制 PXI 机箱的扩展器；机箱中的其他槽位被称为外部设备槽，用于插置功能模块，就像计算机里的 PCI 槽一样。图 7-10 是用 PXI 构建的自动测试系统。

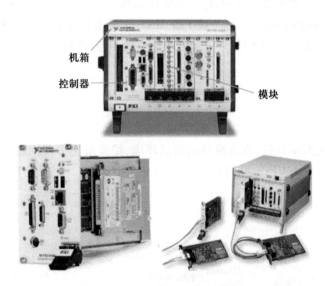

图 7-9 PXI 机箱、控制器和模块

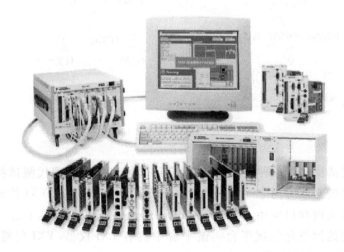

图 7-10 用 PXI 构建的自动测试系统

PXI 的背板提供了一些专为测试和测量工程设计的独到特性。10 MHz 专用系统时钟用于模块间的同步；8 条独立的触发线可以精确同步两个或多个模块；槽与槽之间的局部总线可以节省 PCI 总线的带宽；最后，可选用的星形触发特性适用于极高精度的触发。

一个 PXI 系统通过 MXI-3 连接 VXI 机箱，就像在 VXI 背板上直接插入了一个 VXI 嵌入式控制器一样。工程师可以由 PXI 控制器设置所有的系统设备并与之通信，从而将一个已有的 VXI 系统合并到一个新的 PXI 系统中。也可以根据需要逐步地将它们的 VXI 系统升级到 PXI。

使用 MXI-3，台式计算机上的 CPU 可以透明地设置和控制 PXI/CompactPCI 模块。在 BIOS 和操作系统看来，PXI 模块就像插在 PC 上的 PCI 板卡一样。将 MXI-3 和 PXI 机箱组合是扩展系统 I/O 的一个极佳选择。从结构上说，MXI-3 是一个 PCI 到 PCI 的桥（PCI-PCI bridge）。一块 PCI MXI-3 板卡插在台式计算机上，并与插在 PXI 机箱控制器槽内的 PXI MXI-3 模块通过电缆相连，实现通信。

四、LXI 总线

从拓展测试设备定义的角度出发，将从任何地点、在任何时间都能够获取到测量数据的所有硬件、软件的有机集合，称为"网络化测试仪器"。

使用网络化测试设备，构造网络化测试环境，需要解决哪些问题呢？先举个例子来说明。用 Ethernet-GPIB 控制器构建网络化测试环境。使用连接方式如图 7-11 所示。

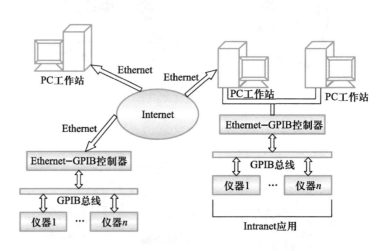

图 7-11 构造网络化测试环境

网络化测试技术是一种涵盖范围宽、应用领域广的全新现代测试技术，是今后测试技术发展的必然方向之一。LXI 接口标准整合了 GPIB 和 VXI 的成果，借助个人计算机的以太网接口应用，构成新一代模块化的测量仪器标准平台。图 7-12 是基于 LXI 构建的网络化测试平台。该平台中具有 LXI 仪器、VXI 仪器、PXI 仪器、GPIB 仪器以及 RS232 仪器。

学习引导问题 ▼

1. 异地测试系统间通信怎样解决？

2. GPIB 和 VXI 是测试领域专用接口总线，计算机是通用的工业产品。通用的计算机发展快、价格低、测试专用总线发展慢、成本高。两者在发展上无法匹配？

提示

通过上述举例，说明要解决好下面几个问题。

(1) 国际间协议的转接。

① 物理层和数据链路层。

② 网络层及其以上各层。

(2) 操作系统。

(3) 测试应用程序开发环境软件系统。

(4) 注意支持测试系统操作的实时性。

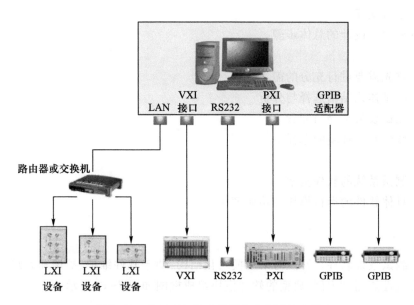

图 7-12　基于 LXI 构建的网络化测试综合平台

7.3　自动测试软件平台技术

▼练习
1. 试述 GPIB 的基本功能。
2. 举例说明 GPIB 系统的运行过程。

一、软件设计思想

在自动测试系统整个测试过程中,测试人员只需将相关的测试设备用 GPIB 电缆连接起来,并将测试设备的探头接入相应的电源模块引脚,然后启动测试软件选择测试项目,剩下的工作将在计算机指挥下自动完成,直到拿到完整的测试报告。这样的测试过程不仅提高了生产效率和生产质量,同时也降低了对测试人员的要求。因此,有必要设计出能使系统正常工作的软件。

系统软件的设计主要采用面向对象的设计思想,基于面向对象技术的应用软件结构容易理解、修改和重用,能明显提高软件开发和维护的效率。

在实际应用中,用 PC 机做控制器,所选的测试仪器必须配备接口标准。把仪器和微机连起来后,就可以开发一个专用软件来操纵它了。一般选择 Windows XP 作为操作系统,程序界面友好,操作直观方便,用 VEE、LabVIEW、LabWindows/CVI 等目前较流行的图形化编程工具可以快速开发出应用程序。这些图形化编程工具提供了 GPIB/GPIB488.2 函数库对 GPIB 总线、GPIB 板和 GPIB 仪器进行控制。GPIB/GPIB488.2 函数库提供了一组高层的通信控制函数,不需要了解访问 GPIB 仪器、控制 GPIB 总线的底层协议,直接调用这些控制函数就可以实现 GPIB 总线控制。此外,该函数库还提供了底层的函数对 GPIB 进行各种基本操作。在具体编程中,按流程图,可以方便地编出仪器的控制程序。在软件设计中,采用模块化设计,模块之间

▼学习引导问题
1. 自动测试系统对软件有什么要求?
2. 自动测试系统的软件需要操作系统吗? 需要什么编程语言?

┌─ 提　示 ─┐
广义上讲,除测试应用软件外,还包括计算机操作系统、测试编程语言、数据库软件和程序诊断软件等,它们的集成可称为"自动测试软件平台"。

通过接口进行交互。

以下是软件设计的总体步骤。

1. 系统集成的顶层设计

（1）首先需要进行充分的需求分析

（2）测试体系结构选择与分析

（3）测试设备选择与配置

（4）软件开发环境的选择

2. 系统测试设计方案

（1）测试系统的软件构架

（2）具体软件的运行模块和功能模块

二、自动测试系统的软件结构

自动测试系统软件在开发时采用模块化结构,便于软件维护、扩展和升级。以无线电接收机性能测试为例,典型的软件模块组成框图如图 7-13 所示。

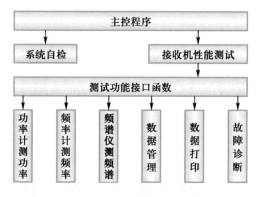

图 7-13　测试软件模块组成框图

仪器驱动程序模块随仪器由厂家提供,在生产厂家的网站上有免费提供。对于厂家没有提供的仪器驱动程序模块,可以使用图形化编程工具中的 VISA 语言进行开发。仪器的驱动程序模块包含了仪器的大部分常用功能,对模块进行适当的配置就可以通过 PC 和 GPIB 总线对仪器进行远程控制。

测试功能接口函数是针对系统需要测试的项目编写的相应测试程序。测试程序通过调用仪器的底层驱动模块实现对仪器各项测试功能实现控制,并在图形化编程工具中加入各种逻辑控制,使之按照一定的流程进行测试活动。

主控程序提供对测试、自检程序的管理与调用;测试功能接口是以函数接口形式被测试程序调用,完成某一项测试、数据管理、显示、打印等功能。测试程序通过软件面板与测试人员实现了良好的交互。

软件的高层架构可使用 VC++进行开发。用 VC++调用底层测试程序编译而成的动态链接库 dll 文件实现 VC++与图形化编程工具的整合。软件高层架构主要完成仪器资源管理、底层测试程序调用、数据处理、生成结果报表等功能。

三、软件的测试流程

自动测试系统进行测试的基本过程是:开机;打开测试文件进入主界面;系统自检;进入对待测电路进行测试的界面;测试完毕,保存结果,如需故障诊断则进行故障诊断;打印测试结果;退出测试主界面,然后关机。无线电接收机的测试流程图如图 7-14 所示。

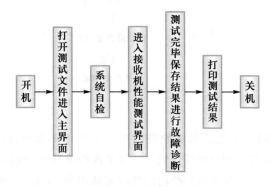

图 7-14　测试流程图

▼练习
1. 软件设计的总体步骤是什么?
2. 简述软件测试的流程。

7.4　自动测试系统的组建

一、自动测试系统的组建工作流程

组成一个自动测试系统应当包含五个工作步骤,如图 7-15 所示。

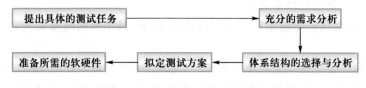

图 7-15　自动测试系统组建的工作流程

提 示
特别注意测试应用软件的研制开发和对特殊参量指标要求的处理。

二、自动测试系统的构建

1. 测试系统构建方案的建立

建立方案的过程如图 7-16 所示。

2. 自动测试系统硬件平台

对硬件的选择优于软件的"硬件仓库"法,对系统软件的选择优于硬件的"测量仓库"法,其基础是选择相应的测试设备,配置仪器库。所以应从主机箱、测试控制机、主控制接口及零槽控制器、仪器模块的选择等方面着手。

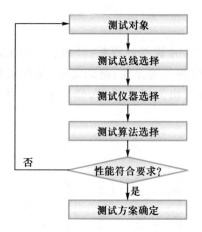

图 7-16 工作程序图

基于 GPIB 接口的自动测试系统硬件组成包括以下四部分:PC 机、GPIB 接口卡、GPIB 电缆线、带 GPIB 接口的可程控仪表。一般来说系统对 PC 机的要求不高,只要主板带 PCI 接口即可。现在 GPIB 卡的生产商仍然以安捷伦和 NI 为主,然而他们的产品价格相当高,可用性价比更高的国产 GPIB 卡。GPIB 电缆线一般选择与仪器配套的线缆。

GPIB 总线上测量装置的连接方式有星状连接和线状连接两种。系统中测量装置多时还可以采用星状和线状连接组合的方式。如果只用了少量仪表且摆放空间比较分散,可采用线状连接的方式,如图 7-17 所示。

图 7-17 硬件结构示意图

硬件连接时应该注意以下几点:

（1）GPIB 总线的传输距离最远不得超过 20 m,且相邻的测量装置之间最好不要超过 2 m。

（2）为保证整个测试系统能正常工作,每块 GPIB 卡最多控制 14 台仪表。

（3）系统中每个装置的 GPIB 主地址都是 0~31 之间的数,且不能重复;副地址可以不设置,如果设置则可设置为 96~127 之间的数,且不能重复。

（4）系统中可以有多个控者设备,但在某一时刻只能有一个控者起作用。一般系统将 GPIB 卡设置为控者,由 GPIB 卡来统一调度各测量装置的动作。

3. 测试应用程序开发环境的选择

采用模块化软件结构设计方法,提高系统软件的灵活性、移植性及可维护性,提高软件编程效率,选择面向工程技术人员,且移植性好的最佳应用程序开发环境。

4. 自动测试软件生成

测试应用软件主要包括总线接口软件、仪器驱动软件和应用（软面板）软件三部分。

测试体系结构选择是重点。GPIB 系统由主控机、激励源和测试仪器组成,它们之间通过 GPIB 总线相连。图 7-18 为测量频率响应的某自动测试系统。

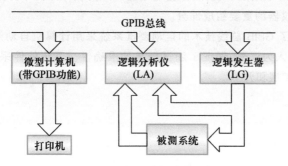

图 7-18　测量频率响应的自动测试系统

技术扩展：数字电路自动测试系统

　　由微型计算机(带 GPIB 总线控制功能)、逻辑分析仪、逻辑发生器以及相应的软件可组成数字电路自动测试系统。使用不同的应用程序,该系统能够完成中小规模数字集成芯片的功能测试、某些大规模数字集成电路逻辑功能的测试、程序自动跟踪、在线仿真以及数字系统的自动分析功能,测试系统的硬件组成如图 7-19 所示。图中逻辑脉冲发生器是可编程的比特图形发生器,可用微处理机对它编程,提供测试所需的激励信号。这样的自动测试系统要求使用者了解微型计算机工作原理、GPIB总线工作原理及其控、听、讲功能,并且能够针对不同的测试对象编制不同的应用程序。有条件的使用者,可选择一种数字系统做出一个自动测试系统。

图 7-19　数字电路自动测试系统

术 语 缩 写

VI	virtual instrument	虚拟仪器
GPIB	general purpose interface bus	通用接口总线(1972)
VXI	VME extensions for instrumentation	VME 在仪器的扩展(1977)
PXI	PCI extensions for instrumentation	PCI 在仪器的扩展(1997)
LXI	LAN extensions for instrumentation	网络在仪器的扩展(2005)
SCPI	standard commands for programmable instruments	程控仪器标准命令(1990)

▼延伸学习

测量过程

▼学中做

组建自动测试系统测量信号参数

▼学中做

完成幅频特性测量,填写宽带接收机幅频特性测量实施检验工作单

▼练习

设计自动测试系统的框架。系统的测试任务是测试火箭上若干部位上的压力。数百个压力传感器安置在被测火箭的各测试点上,在计算机的控制下,扫描器将顺序采集到的传感器输出信号送往电桥,电桥将输出的模拟量送给数字电压表夫测量,数字电压表又将输出的数字量送给计算机处理,最后由打印机将处理后的结果打印出来。

VPP	VXI plug&play	VXI 即插即用(1993)
VISA	virtual instrument software architecture	虚拟仪器软件结构(1993)
IVI	interchangeable virtual instruments	可互换虚拟仪器(1997)
DAQ	data acquire	数据采集
GUI	graphical user interface	图形用户界面
IDE	integrated development environment	集成开发环境
API	application programming interface	应用程序编程接口

本章小结

1. 自动测试系统的发展过程分为三代。其中第二代自动测试系统是基于 GPIB 构建的。

2. GPIB 基本性能以及 GPIB 的接口三要素。

3. GPIB 系统中器件功能主要分为三种：控者、讲者和听者。GPIB 中的消息分为接口消息和仪器消息。GPIB 的总线基本组成分为：数据总线、挂钩线和管理总线。

4. 基于 GPIB 的系统中，信息的传递是利用三线挂钩技术。

5. 第三代自动测试系统主要是基于 VXI 总线构建的。软件是整个仪器的关键。VXI 系统仪器模块有：消息器件、寄存器基器件、存储器器件和扩展器件。采用 IEEE-488.2 规范。

6. 智能仪器是利用微处理器来进行控制的，由软件和硬件构成，带有 GPIB 接口的智能仪器可构成自动测试系统。

7. "软件就是仪器"是虚拟仪器的内涵。虚拟仪器的硬件由计算机硬件和仪器硬件构成；软件由 VXI 总线接口软件、仪器驱动器和应用软件开发环境构成。数字信号处理(DSP)是虚拟仪器的重要组成部分。

8. 充分运用了 GPIB 总线技术的自动测试系统采用计算机自动测试，大大提高了工作效率，减少了人为误差，保证了测试结果的准确性。系统软件采用了模块化设计思想，方便维护、扩展和升级。

附录1 测量误差与数据处理

一、测量误差的定义

测量结果与被测量真值之差称为测量误差。

真值的定义:当某量能被完善地确定并能排除所有测量上的缺陷时,通过测量所得到的量值称为真值。真值的另一个定义:被测量本身所具有的客观真实的大小被称为真值。它是一个理想的概念。

在测量中,由于对客观规律认识的局限性、计量器具不准确、测量手段不完善、测量条件发生变化及测量工作中的疏忽或错误等原因,都会使测量结果与真值不同,从而产生了测量误差。所以,任何测量必然产生误差,不含误差的测量结果是不存在的。

▼搜索
飞机研发过程中,关键件加工误差的意义。

不同的测量,对其测量误差大小的要求往往是不同的。但是,随着科技的发展和生产水平的提高,对减小误差提出了越来越高的要求。对很多测量来讲,测量工作的价值完全取决于测量误差,当测量误差超过一定限度,测量工作和测量结果就变得毫无意义,有时还会给工作带来很大的危害。

二、测量误差的来源

测量工作是在某个特定的环境里,使用测量装置,由测量人员按照一定的测量方法来完成的。因此总体上讲,测量误差的来源主要有以下五个方面(如附图 1-1 所示)。

在测量工作中,对于误差的来源要认真分析,采取相应的措施,以减少误差对测量结果的影响。

1. 测量装置误差	测量装置误差在整个测量中起主要作用。测量装置(包括测量仪器及其附件)由于设计、制造、检定等的不完善,以及使用过程中元器件老化、机械部件磨损、疲劳等因素而带有误差,如读数误差(包括出厂校准定度不准确产生的校准误差、刻度误差、读数分辨率有限而造成的读数误差以及数字式仪表的±1个字量化误差);内部噪声引起的稳定误差;响应滞后现象造成的动态误差;测量中转换开关接触不好、各类探头带来的误差、低阻测量中连接导线的影响等
2. 环境误差	任何测量总是在一定的环境里进行的。由于实际环境条件与规定条件不一致而引起的误差称为环境误差。环境由多种因素构成,对电子测量而言,最主要的影响因素是环境温度、电源电压和电磁干扰等
3. 方法误差	测量方法是指根据给定的原理,概括地说明在实施测量中所涉及的一套理论运用和实际操作。测量方法不完善引起的误差称为方法误差。由测量方法引起的测量误差主要表现为:测量时所依据的理论不严密,操作不合理,用近似公式或近似值计算测量结果等引起的误差

4. 人员误差	测量人员主观因素和操作技术所引起的误差称为人员误差。人员误差主要由测量者的分辨能力差、视觉疲劳、反应速度慢、不良的固有习惯和缺乏责任心等引起,具体有操作不当、看错、读错、听错、记错等原因
5. 被测量不稳定误差	由测量对象自身的不稳定变化引起的误差称为被测量不稳定误差。测量是需要一定时间的,若在测量时间内被测量由于不稳定,那么即使有再好的测量条件也是无法得到正确测量结果的。被测量不稳定与被测对象有关,可以认为被测量的真值是时间的函数。如由于振荡器的振荡频率不稳定,则测量其频率必然要引起误差

附图 1-1   测量误差的来源

三、误差的表示方法

测量误差的表示方法有两种,即绝对误差和相对误差。

1. 绝对误差

（1）定义

测量结果与被测量真值之差称为绝对误差。

$$\Delta x = x - A_0 \qquad\qquad (附 1-1)$$

式中,A_0 为被测量的真值;x 为测量结果,是指测量仪器的示值,即由测量仪器所指示的被测量值;Δx 为绝对误差。

绝对误差有大小、符号及单位。

前面已提到,真值 A_0 一般无法得到,通常用约定真值(也称实际值)A 来代替 A_0,公式为

$$\Delta x = x - A \qquad\qquad (附 1-2)$$

提　示

在实际测量中,常把高一等级的测量仪器或计量器具的量值作为约定真值。

（2）修正值

修正值 C 与绝对误差的大小相等,符号相反,公式为

$$C = -\Delta x \qquad\qquad (附 1-3)$$

测量仪器的修正值可通过检定由上一级标准给出,它可以是表格、曲线或函数表达式等形式。

提　示

利用修正值和示值,可得到被测量的实际值。通常可通过修正值的办法来提高测量的准确度。

$$A = x + C \qquad\qquad (附 1-4)$$

【附例 1-1】   某电流表测得的电流示值为 0.83 mA,查该电流表的检定证书,得知该电流表在 0.8 mA 及其附近的修正值都为 -0.02 mA,那么被测电流的实际值为多少?

【解】　　　　　　$A = x + C = 0.83\ \text{mA} + (-0.02\ \text{mA}) = 0.81\ \text{mA}$

2. 相对误差

一个被测量的准确程度除了和它的绝对误差有关,还和这个量本身的大小有关,这就要用相对误差来表示。

（1）三种相对误差的表示

测量的绝对误差与被测量的约定值之比称为相对误差,常用百分数来表示。约定值可以是实际值、示值或仪器的满量程值 Y_m。附表 1-1 就是三种相对误差的定义及公式。

▼ 想一想

如果测量的绝对误差为 1 m,对于测量距离长度为 1 m 和 1 000 m 的两个测量量,哪个测量更准确?

附表 1-1　三种相对误差的定义及公式

相对误差	定义	公式
实际相对误差 γ_A	绝对误差 Δx 与被测量的实际值 A 的百分比	$\gamma_A = \dfrac{\Delta x}{A} \times 100\%$（附 1-5）
示值相对误差 γ_x	绝对误差 Δx 与被测量的示值 x 的百分比	$\gamma_x = \dfrac{\Delta x}{x} \times 100\%$（附 1-6）
引用误差 γ_m	绝对误差与仪器的满量程值 Y_m（上限值-下限值）之比	$\gamma_m = \dfrac{\Delta x_m}{Y_m} \times 100\%$（附 1-7）

> **提　示**
>
> 对于一般的工程测量,用 γ_x 来表示测量的准确度较为方便。

引用误差实际上是给出了仪表各量程内,绝对误差不应超过的最大值,即

$$\Delta x_m = \gamma_m \times Y_m \tag{附 1-8}$$

> **提　示**
>
> 引用误差一般用于连续刻度的仪表,特别是电工仪表。我国电工仪表的准确等级 S 就是按照引用误差来划分的,等级常分为 0.1、0.2、0.5、1.0、1.5、2.5、5.0 七个级别。例如,$S=0.5$ 级的电表,就表明其最大引用误差 $\gamma_m \leqslant \pm 0.5\%$,并在表面刻度盘上标以 0.5 级的标志。若某电工仪表有几个量程,则在所有的量程上均取 $\gamma_m = \pm 0.5\%$,显然,各量程的绝对误差是不一样的。

【附例 1-2】　某电压表的 $S=1.5$,计算它在 0~100 V 的量程内的最大绝对误差。

【解】　该表的满量程值为 $Y_m = 100$ V,由式（附 1-8）得到

$$\Delta x_m = \gamma_m \times Y_m = \pm 1.5\% \times 100 = \pm 1.5 \text{ V}$$

【附例 1-3】　检定一个 1.5 级、满量程值为 10 mA 的电流表,若在 5 mA 处的绝对误差最大且为 0.13 mA（即其他刻度处的绝对误差均小于 0.13 mA）,问该表是否合格?

【解】　根据式（附 1-7）,可求得该表实际引用误差为

$$\gamma_m = \frac{\Delta x_m}{Y_m} \times 100\% = \frac{0.13 \text{ mA}}{10 \text{ mA}} = 1.3\%$$

因为 $\gamma_m = 1.3\% < 1.5\%$,所以该表是合格的。

根据式（附 1-6）和式（附 1-8）可知,S 级仪表在其量程 Y_m 内的任一示值 x 的相对误差为

$$\gamma_x = \frac{\Delta x_m}{x} = \frac{\gamma_m \times Y_m}{x} \times 100\% \tag{附 1-9}$$

【附例 1-4】 某电流表为 1.0 级,量程 100 mA,分别测 100 mA、80 mA、20 mA 的电流,求测量时的绝对误差和相对误差。

【解】 由前所述,用此表的 100 mA 量程进行测量时,不管被测量多大,该表的绝对误差不会超过某一个最大值,即

$$\Delta x_m = \gamma_m \times Y_m = \pm 1.0\% \times 100 \text{ mA} = \pm 1 \text{ mA}$$

对于不同的被测电流,其相对误差为

$$\gamma_1 = \frac{\Delta x_m}{x} = \frac{\pm 1}{100} = \pm 1\%$$

$$\gamma_2 = \frac{\Delta x_m}{x} = \frac{\pm 1}{80} = \pm 1.25\%$$

$$\gamma_3 = \frac{\Delta x_m}{x} = \frac{\pm 1}{20} = \pm 5\%$$

【附例 1-5】 某被测电压为 10 V,现有量程为 150 V、0.5 级和量程为 15 V、1.5 级两块电压表,问选用哪块表更为合适?

【解】 使用 150 V 电压表,最大绝对误差为:$\Delta x_m = \pm 0.5\% \times 150 \text{ V} = \pm 0.75 \text{ V}$
则测量 10 V 电压所带来的相对误差为:$\gamma_1 = (\pm 0.75/10) \times 100\% = \pm 7.5\%$

使用 15 V 电压表,最大绝对误差为:$\Delta x_m = \pm 1.5\% \times 15 \text{ V} = \pm 0.225 \text{ V}$
则测量 10 V 电压所带来的相对误差为:$\gamma_2 = (\pm 0.225/10) \times 100\% = \pm 2.25\%$

可见,$\gamma_2 < \gamma_1$,所以应该选用 15 V、1.5 级的电压表。

提 示

为了减少测量中的示值误差,在选择仪表的量程时,应尽量使示值靠近满度值,一般应使示值指示在仪表满刻度值的 2/3 以上区域。但对于测量电阻的模拟电阻表(如模拟万用表的电阻挡)就不适用了,因为在设计和检定电阻表时,均以中值电阻为基础,其量程的选择应以表的指针偏转到最大偏转角度的 1/3~2/3 区域为宜。

练习

1. 现用标准仪表检定一量程为 100 mV,表盘为 100 等分刻度的毫伏表,测得数据如附表 1-2 所示。

附表 1-2   测量数据表

刻度值/mV	0	10	20	30	40	50	60	70	80	90	100
标准值/mV	0.0	9.9	20.2	30.4	39.8	50.2	60.4	70.3	80.0	89.7	100.0
绝对误差											
修正值											

(1) 将各刻度值的绝对误差和修正值填在表中;
(2) 计算 10 mV 刻度点上的相对误差;
(3) 确定仪表的准确等级。

2. 设准确度为 0.1 级、上限值为 10 A 的电流表经过检定后,最大示值误差为 7 mA,问此表是否合格?

3. 某待测电流约为 100 mA,现有 0.5 级、量程为 0~400 mA,以及 1.5 级、量程为 0~100 mA 的两个电流表,问用哪一个电流表测量较好?

（2）分贝误差

分贝误差是用对数形式（分贝数）表示的一种相对误差，单位为分贝（dB）。在电子学中，分贝误差常用于增益和衰减的测量。

设电压增益的测得值为

$$A_x = \frac{U_o}{U_i}$$

其误差为

$$\Delta A = A_x - A$$

用对数表示增益或衰减测得值的分贝数为

$$G_x = 20\lg A_x \ \text{dB}$$

则 ΔA 产生的分贝误差 γ_{dB} 的大小为

$$\gamma_{dB} = 20\lg\left(1 + \frac{\Delta A}{A}\right) \qquad\qquad （附 1-10）$$

▼练习

某单级放大器电压增益的真值为100，某次测量时测得的电压增益为95，求测量的相对误差和分贝误差。

四、测量误差的分类

1. 测量误差的分类

根据测量误差的性质，测量误差可分为以下三类（如附图 1-2 所示）。

附表 1-3 从误差的定义、产生的原因、误差的特点、表达式等方面比较了三类误差。

附图 1-2　测量误差分类

附表 1-3　三类误差的比较

	系统误差	随机误差	粗大误差
定义	在同一测量条件下（指在测量环境、测量人员、测量技术和测量仪器都相同的条件下），多次重复测量同一量时（等精度测量），测量误差的绝对值和符号都保持不变，或在测量条件改变时按一定规律变化的误差，称为系统误差，简称系误。例如，仪器的刻度误差和零位误差，或测量值随温度变化的误差	在同一测量条件下，多次重复测量同一量值时，每次测量误差的绝对值和符号都以不可预知的方式变化的误差，称为随机误差或偶然误差，简称随差	明显超出规定条件下预期的误差称为粗大误差，简称粗差
产生的主要原因	仪器的制造安装或使用方法不正确；环境因素（温度、湿度、电源等）影响；测量原理中使用近似计算公式；测量人员不良的读数习惯等	对测量值影响微小但却互不相关的大量因素共同造成。这些因素主要是噪声干扰、电磁场微变、零件的摩擦、配合间隙、接触不良；温度及电源电压起伏无规律、空气扰动、大地微震；测量人员感官的无规律变化等	测量操作疏忽和失误，例如，操作错、读错、记错以及实验条件未达到预定的要求而匆忙实验等；测量方法不当或错误，例如，用普通万用表电压挡直接测高内阻电源的开路电压；测量环境条件的突然变化引起仪器示值的剧烈变化，例如，电源电压突然增高或降低、雷电干扰、机械冲击等

续表

	系统误差	随机误差	粗大误差
特点	系统误差产生在测量之前,具有确定性;系统误差多次测量不能减小,不具有抵偿性	单次测量的随机误差没有规律,但多次测量的随机误差总体却服从统计规律;可通过数理统计的方法来处理,即求算术平均值	含有粗差的测量值称为坏值或异常值,在数据处理时,应剔除掉
表达式	对同一被测量进行无限多次测量所得结果的平均值与被测量的真值之差。即 $$\varepsilon = \overline{x} - A_0$$ (附1-11) 系统误差表明了一个测量结果偏离真值或实际值的程度	测量结果与同一被测量进行无限多次测量所得结果的平均值之差。即 $$\overline{x} = \frac{1}{n}\sum_{i=1}^{n} x$$ (附1-12) 随机误差表明了每一次测量值 x_i 偏离其平均值的程度	

各次测得值的绝对误差等于系统误差和随机误差的代数和(在剔除粗大误差后,只剩下系统误差和随机误差)

$$\varepsilon + \delta_i = \overline{x} - A + x_i - \overline{x} = x_i - A = \Delta x_i \qquad (附1-13)$$

在任何一次测量中,系统误差和随机误差一般都是同时存在的;系统误差和随机误差之间在一定条件下是可以相互转化;较大的随机误差或系统误差可以按粗大误差来处理

2. 测量结果的评定

(1)准确度

指测量值与真值的接近程度。反映系统误差的大小,系统误差小,则准确度高,即测量值与实际值符合的程度越高。

(2)精密度

指测量数据的集中程度。反映随机误差的大小,随机因素使测量值呈现分散而不确定,但总是分布在平均值附近。

(3)精确度

指系统误差和随机误差综合影响的程度。精确度越高,表示准确度和精密度都高,意味着系统误差和随机误差都小。

这三者的概念可用打靶来描述,如附图1-3所示,正中靶心代表真值。

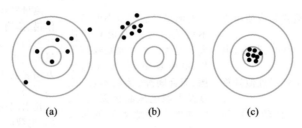

(a)   (b)   (c)

附图1-3 用射击比喻测量结果

其中,图(a)测量结果既不准确也不精密,还有粗大误差;图(b)测量结果精密度高,但准确度低;图(c)测量结果准确度高,精密度也高,故精确度高。

五、测量误差的估计与处理

1. 系统误差的判别与消除方法

(1) 系统误差的分类(如附图 1-4 所示)

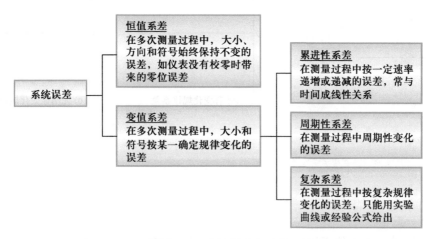

附图 1-4　系统误差的分类

其变化规律如附图 1-5 所示。

(2) 系统误差的判别

① 理论分析法:对于测量原理或方法带来的系统误差,可对测量方法定量分析发现系差,并计算出大小。

② 检定和比对法:使用准确度更高的计量器具进行重复测量,或在仪表的检定证书中给出修正值。

③ 改变测量条件:当系差与测量条件相关时,可改变测量条件,分组测量数据。

④ 采用残差观察法。

提　示

什么是残差? 测量列中任一个测得值 x 与该测量列的算术平均值之差,即

$$v_i = x_i - \overline{x}$$

（附 1-14）

对被测量进行 n 次测量,就分别对应着 n 个残差。将测量数列中所有的残差一一排列起来绘制成曲线,可以很直观地发现系差的变化规律,如附图 1-6 所示。

⑤ 采用公式法。

可采用马利科夫判据判断是否存在累进性系差,以及采用阿贝-赫梅特判据判断是否存在周期性系差。

(3) 系统误差的削弱或消除方法

① 从产生系统误差根源上采取措施减小系统误差。**例如,测量原理和测量方法尽力做到**

正确;定期检定和校准测量仪器;正确使用测量仪器;注意周围环境对测量的影响,特别是温度对电子测量的影响较大,可采用恒温槽、对电磁干扰可采用电磁屏蔽技术;尽量减少或消除测量人员主观原因造成的系统误差,应提高测量人员业务技术水平和工作责任心;改进测量设备;等等。

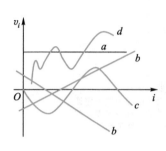

附图 1-5   系统误差的变化规律
a—恒值系差;*b*—累进性系差(递增或递减);*c*—周期性系差;*d*—复杂系差

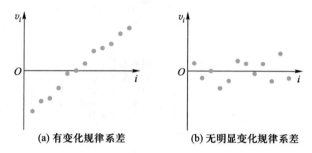

(a) 有变化规律系差   (b) 无明显变化规律系差

附图 1-6   系统误差的判别

② 采用修正方法减少系统误差。

③ 采用一些专门的测量方法,如零示法、替代法、交换法等。

a. 零示法:消除指示仪表读数不准所造成的误差,如附图 1-7 所示。

E 为标准电池、G 为检零计,调节分压比,使 G 指示为 0,此时得

$$U_x = U_2 = \frac{R_2}{R_2 + R_1} E \qquad (\text{附 } 1\text{-}15)$$

故检零计的读数准确与测量误差无关,只与标准量的误差有关。

b. 替代法(置换法):如附图 1-8 所示。

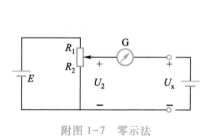

附图 1-7   零示法   附图 1-8   替代法

第一次测量接入 R_x,调节 R_1 和 R_2,当检零计流过的电流为零时,电桥第一次平衡,则

$$R_x = \frac{R_1 R_3}{R_2}$$

第二次测量时用 R_s 来代替 R_x,并保持 R_1 和 R_2 的阻值不变,调节 R_s 使电桥再一次达到平衡,则此时

$$R_s = \frac{R_1 R_3}{R_2} = R_x \qquad (\text{附 } 1\text{-}16)$$

由式(附 1-16)可知,此时被测电阻的测量误差主要取决于标准量 R_s 的准确度和检零计的灵敏度,而与普通电阻的误差无关。

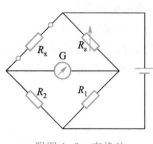

c. 交换法(对照法):第一次测量接线如附图 1-9 所示,则调节 R_s 至 R_{s1} 时,电桥达到平衡,此时

$$R_x = \frac{R_2 R_{s1}}{R_1}$$

附图 1-9　交换法

第二次测量时交换 R_s 和 R_x 的位置,调节 R_s 至 R_{s2} 时,电桥达到平衡,则 $R_x = \dfrac{R_1 R_{s2}}{R_2}$,将两式相乘,可得

$$R_x = \sqrt{R_{s1} R_{s2}} \qquad\qquad (附 1-17)$$

该方法利用交换被测量在测量系统中的位置或测量方向等方法,使误差对被测量的作用相反。对两次测量值进行计算,可大大减小系统误差的影响。

2. 随机误差的统计特性与减小方法

(1) 随机误差的分布

多次测量的测量值和随机误差服从概率统计规律。因而可采用数理统计的方法来处理测量数据,从而减少随机误差对测量结果的影响。

实际测量中发现,在随机误差的影响下,测量数据和随机误差大多数都接近于正态分布,随机误差的概率密度函数可写为式(附 1-18),其曲线如附图 1-10 所示。

$$\varphi(\delta) = \frac{1}{\sqrt{2\pi}\,\sigma(\delta)} \exp\left[-\frac{\delta^2}{2\sigma^2(\delta)} \right] \qquad (附 1-18)$$

式中,$\sigma(\delta)$ 为随机误差的标准偏差。

从图中可以看出随机误差具有对称性、有界性、单峰性和抵偿性四个特点。

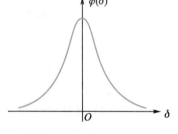

附图 1-10　正态分布曲线

(2) 标准偏差

标准偏差 σ 用来衡量测量数据的离散程度。σ 越小,正态分布曲线越陡峭,表示测量误差分布越趋于集中;σ 越大,正态分布曲线越平缓,表示测量误差分布越趋于分散。二者的关系如附图 1-11 所示。

由于随机误差的存在,致使在一定条件下进行多次重复测量所得测量结果不尽相等。测量结果越分散,随机误差越大,σ 越大,测量精密度越低;测量结果越集中,随机误差越小,σ 越

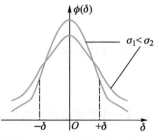

附图 1-11　正态分布曲线与标准偏差的关系

小,测量精密度越高。

当测量装置、测量方法、环境和人员等因素确定后,测量结果的分散性也随之确定。同一被测量在不同的测量条件下测量时,其标准偏差不同。

σ 的计算可采用贝塞尔公式:

$$\sigma(x) = \sqrt{\frac{1}{n-1} \sum_{i=1}^{n} v_i^2} = \sqrt{\frac{1}{n-1} \sum_{i=1}^{n} (x_i - \overline{x})^2} \quad (n \geq 2) \qquad (附1-19)$$

式中,v_i 为残余误差、n 为测量次数。

提 示

贝塞尔公式计算的标准偏差是估计值,也存在误差。n 越大,标准偏差越准确,因而应保证测量次数 $n \geq 6$。

$\sigma(\overline{x})$——算术平均值的标准偏差,是用来描述平均值的离散程度,它与测量值 $\sigma(x)$ 的标准差之间的关系为

$$\sigma(\overline{x}) = \frac{\sigma(x)}{\sqrt{n}} \qquad (附1-20)$$

由上式可知,当测量次数逐渐增加至无穷大时,平均值的标准偏差就越小,平均值的离散程度就越小,用 $\sigma(\overline{x})$ 表示的测量结果更精密。

【附例1-6】 用温度计重复测量某个不变的温度,得 11 个测量值的序列(见下表),求测量值的平均值及其标准偏差。

序号	1	2	3	4	5	6	7	8	9	10	11
$x_i/℃$	528	531	529	527	531	533	529	530	532	530	531

【解】 (1)计算平均值

$$\overline{x} = \frac{1}{n} \sum_{i=1}^{n} x_i$$

$$= \frac{1}{11}(528+531+529+527+531+533+529+530+532+530+531)℃$$

$$= 530.1 ℃$$

(2)求残余误差

$$v_i = x_i - \overline{x}$$

v_i	-2.1	0.9	-1.1	-3.1	0.9	2.9	-1.1	-0.1	0.9	-0.1	0.9

(3)计算标准偏差

$$\sigma(x) = \sqrt{\frac{1}{n-1} \sum_{i=1}^{n} v_i^2} = 1.767 ℃$$

(4)计算算术平均值标准偏差

$$\sigma(\overline{x}) = \frac{\sigma(x)}{\sqrt{n}} = \frac{1.767}{\sqrt{11}} ℃ = 0.53 ℃$$

（3）测量结果的置信概率与置信区间

置信概率又称为置信度,它用来描述测量中随机误差在某一范围内出现的可能性大小,也就是出现的概率大小,这个范围就称为置信区间,通常用 σ 的若干倍来表示,如 $[-K\sigma, K\sigma]$,其中 K 称为置信因数。从随机误差正态分布的概率密度函数可知,随机误差出现在某个区间的可能性实际上是对概率密度函数在该区间的定积分,经积分后可得到附表 1-4,该表为标准化正态分布在对称区间 $[-K, K]$ 内的积分,根据置信因数 K 的大小可查表求得相应的置信概率 P。

附表 1-4　正态分布在对称区间的积分

K	$P(-K \leqslant Z \leqslant K)$	K	$P(-K \leqslant Z \leqslant K)$	K	$P(-K \leqslant Z \leqslant K)$
0	0	2	0.954	2.7	0.993 1
0.5	0.38	2.1	0.964	2.8	0.994 9
1	0.68	2.2	0.972	2.9	0.996 3
1.2	0.77	2.3	0.979	3.0	0.997 3
1.4	0.84	2.4	0.984	3.1	0.998 1
1.6	0.89	2.5	0.988	3.2	0.998 7
1.8	0.93	2.6	0.991	3.3	0.999 04

【附例 1-7】　已知随机误差服从正态分布,分别求出误差落在区间 $[-\sigma, \sigma]$、$[-2\sigma, 2\sigma]$、$[-3\sigma, 3\sigma]$ 内的置信概率。

【解】　由题中所知置信因数 K 分别为 1、2、3,经查表得

$K=1$ 时,$P=68\%$

$K=2$ 时,$P=95.4\%$

$K=3$ 时,$P=99.73\%$

▼练习

1. 对某量进行了 6 次测量,测量结果如下:40.54、40.48、40.51、40.60、40.52、40.55,(单位:V)计算:(1)最佳测量值;(2)最佳测量值的标准偏差。

2. 设误差服从正态分布,问误差落在 $[-\sqrt{2}\sigma, \sqrt{2}\sigma]$ 内的概率等于多少? 误差不在上述区间内的概率又是多少?

3. 已知对某电压测量中的系统误差可以忽略,随机误差服从正态分布,电压的真值 $U_0 = 10$ V,测量的标准偏差 $\sigma = 0.2$,求测量值落在 9.5~10.5 V 之间的置信概率。

3. 粗大误差判别准则

（1）莱特准则

对某量进行有限次（n 次）测量,测量值为 x_1、x_2、$\cdots$、x_n,可求得测量值的平均值和标准偏差 $\sigma(x)$,若残差 v_k 满足

$$|v_k| = |x_k - \bar{x}| > 3\sigma \tag{附 1-21}$$

则其对应测量值 x_k 为坏值,应予以剔除。

提　示

莱特准则作为最简便的判断准则,有它的局限性,它只适用于正态分布且测量次数较大的情况,一般当 $n \leqslant 10$,莱特准则失效。

（2）格拉布斯准则

若残差 v_k 满足

$$|v_k| = |x_k - \overline{x}| > G\sigma \qquad\qquad （附 1-22）$$

则其对应测量值 x_k 为坏值，应予以剔除。G 称为格拉布斯系数，它与测量次数 n 和置信概率有关，见附表 1-5。

附表 1-5　格拉布斯系数与测量次数、置信概率的大小关系

测量次数 n	G		测量次数 n	G	
	$P = 0.95$	$P = 0.99$		$P = 0.95$	$P = 0.99$
3	1.15	1.16	12	2.29	2.55
4	1.46	1.49	15	2.41	2.70
5	1.67	1.75	16	2.44	2.75
6	1.82	1.94	18	2.50	2.82
7	1.94	2.10	20	2.56	2.88
8	2.03	2.22	30	2.74	3.10
9	2.11	2.32	40	2.87	3.24
10	2.18	2.41	50	2.96	3.34
11	2.23	2.48	100	3.17	3.59

提　示

与莱特准则相比，格拉布斯准则更为科学和严密。当用这两个准则进行坏值判断，结论互相矛盾时，应以格拉布斯准则为准。

利用判断准则删除坏值后，要将剩下的数据重新计算平均值和标准偏差，再判断有无坏值，直到没有坏值为止。

【附例 1-8】　检查例 6 中的测量数据有无粗大误差，设置信概率为 95%。

【解】　（1）计算得 $\overline{x} = 530.1$ ℃，$\sigma(x) = 1.767$ ℃

残差中 $|v_4| = 3.1$ 最大，是可疑数据。

（2）用莱特准则检验

$3\sigma = 3 \times 1.767 = 5.301 > |v_4|$，故可判断测量数据中没有粗大误差。

（3）用格拉布斯准则检验

$n = 11$，$P = 0.95$，经查表得 $G = 2.23$，$G\sigma = 2.23 \times 1.767 = 3.940\ 41 > |v_4|$，故可判断测量数据中没有粗大误差。

4. 测量结果的处理步骤

① 对测量值进行系统误差修正，将数据依次列成表格；

② 求出算术平均值：$\overline{x} = \dfrac{1}{n} \displaystyle\sum_{i=1}^{n} x_i$；

③ 列出残差 $v_i = x_i - \overline{x}$，验证 $\displaystyle\sum_{i=1}^{n} v_i = 0$；

练习▼

1. 用莱特准则判别下列 10 个测量值中是否有异常值：

15.2、14.6、16.1、15.4、15.5、14.9、16.8、15.0、14.6、18.3。

2. 分别取置信概率为 95% 和 99%，用格拉布斯准则判别上题中是否有异常值，并比较说明两种置信概率对判别结果的影响。

④ 按贝塞尔公式计算标准偏差的估计值:$\sigma(x) = \sqrt{\dfrac{1}{n-1}\sum\limits_{i=1}^{n} v_i^2}$;

⑤ 按莱特准则或格拉布斯准则检查和剔除粗大误差;

⑥ 判断有无系统误差,如有系统误差,应查明原因,修正或消除系统误差后重新测量;

⑦ 计算算术平均值的标准偏差:$\sigma(\bar{x}) = \dfrac{\sigma(x)}{\sqrt{n}}$;

⑧ 写出最后结果的表达式:$x = \bar{x} \pm K \cdot \sigma(\bar{x})$。

【附例 1-9】　对某电压进行了 16 次等精度测量,测量数据中已记入修正值,列于附表 1-6 中。要求给出测量结果表达式。

附表 1-6　测 量 数 据

序号	测量值/V	v_i	v_i'	序号	测量值/V	v_i	v_i'
1	205.30	0	0.09	9	205.71	0.41	0.5
2	204.94	−0.36	−0.27	10	204.70	−0.6	−0.51
3	205.63	0.33	0.42	11	204.86	−0.44	−0.35
4	205.24	−0.06	0.03	12	205.35	0.05	0.14
5	206.65	1.35	—	13	205.21	−0.09	0
6	204.97	−0.33	−0.24	14	205.19	−0.11	−0.02
7	205.36	0.06	0.15	15	205.21	−0.09	0
8	205.16	−0.14	−0.05	16	205.32	0.02	0.11

【解】　(1) 求算术平均值:$\bar{x} = \dfrac{1}{16}\sum\limits_{i=1}^{16} x_i = 205.30$。

(2) 计算 $v_i = x_i - \bar{x}$ 并列入附表 1-6,验证 $\sum\limits_{i=1}^{16} v_i = 0$。

(3) 标准偏差的估计值:$\sigma(x) = \sqrt{\dfrac{1}{16-1}\sum\limits_{i=1}^{16} v_i^2} = 0.443\,4$。

(4) 按莱特准则检查有无粗大误差,$3\sigma = 1.330$,查表知 $v_5 > 3\sigma$,所以第 5 个测量数据含有粗大误差,为坏值,应剔除。

(5) 对剩余的 15 个数据重新计算,$\bar{x} = 205.21$,重新计算残余误差 v_i' 并列入附表 1-6,验证 $\sum\limits_{i=1}^{15} v_i' = 0$,重新计算 $\sigma' = \sqrt{\dfrac{1}{15-1}\sum\limits_{\substack{i=1 \\ i \neq 5}}^{16} v_i'^2} = 0.27$,再按莱特准则检查有无粗大误差,$3\sigma = 0.81$,各 $|v_i'|$ 均小于 3σ,剩余的 15 个数据无粗大误差。

(6) 对 v_i' 作图,判断有无变值系统误差,如附图 1-12 所示,从图中可见无明显累进性周期性系统误差。

(7) 计算算术平均值的标准偏差 $\sigma(\bar{x}) = \sigma'/\sqrt{15} = 0.27/15 = 0.07$。

(8) 写出最后结果的表达式 $x = \bar{x}' \pm K \cdot \sigma(\bar{x}) = (205.21 \pm 0.21)$ V。

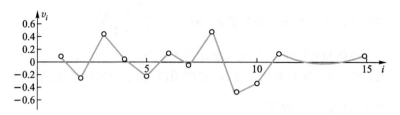

附图 1-12　残差图

5. 等精度测量与不等精度测量

等精度测量:指在相同的地点、采用相同的测量方法和相同的测量设备、由同一测量人员在相同的环境条件(温度、湿度、干扰等)下,并在短时间内进行的重复测量。

不等精度测量:在测量条件不相同时进行的测量,测量结果的精密度将不相同。

（1）权

在不等精度测量中,由于各次(或各组)测量值的精密度不同,所给予该数据的重视程度就不同,"权"就是这种重视程度的度量。数据的标准偏差越小,说明精密度越高,所给予的重视程度就越大,权就越大;反之,亦然。权用符号 W 表示,权值与标准偏差的平方成反比

$$W_j = \frac{\lambda}{\sigma_j^2} \qquad (\text{附 } 1\text{-}23)$$

式中,λ 为常数、σ_j 为第 j 组测量值算术平均值的标准偏差。

（2）测量结果的加权平均值

若对被测量进行了 m 组不等权测量,结果为 $x_j(j=1,2,\cdots,m)$ 其权分别为 $W_j(j=1,2,\cdots,m)$,那么测量结果的加权平均值为

$$\bar{x} = \frac{\sum\limits_{j=1}^{m} \dfrac{x_j}{\sigma_j^2}}{\sum\limits_{j=1}^{m} \dfrac{1}{\sigma_j^2}} = \frac{\sum\limits_{i=1}^{m} W_j x_j}{\sum\limits_{j=1}^{m} W_j} \qquad (\text{附 } 1\text{-}24)$$

（3）加权平均值的标准偏差

m 组不等权测量的加权平均值的标准偏差为

$$\sigma(\bar{x}) = \sqrt{\frac{\sum\limits_{j=1}^{m} W_j v_j^2}{(m-1)\sum\limits_{j=1}^{m} W_j}} \qquad \text{或} \qquad v_j = \bar{x}_j - \bar{x} \qquad (\text{附 } 1\text{-}25)$$

式中,v 为各测量组的残差;$\bar{x}_j$ 为各测量组的算术平均值;$\bar{x}$ 为加权平均值。

【附例 1-10】　用两种方法测量某电压,第一种方法测量 6 次,其算术平均值 $U_1 = 10.3$ V,标准偏差 $\sigma(U_1) = 0.2$ V;第二种方法测量 8 次,其算术平均值 $U_2 = 10.1$ V,标准偏差 $\sigma(U_2) = 0.1$ V。求电压的估计值和标准偏差,并写出测量结果。

【解】　计算两种测量方法的权 $\quad W_1 = \dfrac{\lambda}{\sigma(U_1)^2} = \dfrac{\lambda}{0.2^2}, W_2 = \dfrac{\lambda}{\sigma(U_2)^2} = \dfrac{\lambda}{0.1^2}$

令 $\lambda = 1$，则 $W_1 = \dfrac{1}{0.04}$，$W_2 = \dfrac{1}{0.01}$。

电压的估计值为

$$U = \frac{W_1 U_1 + W_2 U_2}{W_1 + W_2} = \frac{\dfrac{1}{0.04} \times 10.3 + \dfrac{1}{0.01} \times 10.01}{\dfrac{1}{0.04} + \dfrac{1}{0.01}}\ \text{V} = 10.14\ \text{V}$$

电压估计值的标准偏差为

$$\sigma(\bar{x}) = \sqrt{\frac{\displaystyle\sum_{j=1}^{m} W_j v_j^2}{(m-1)\displaystyle\sum_{j=1}^{2} W_j}} = \sqrt{\frac{\dfrac{0.025\,6}{0.04} + \dfrac{0.001\,6}{0.01}}{(2-1)\left(\dfrac{1}{0.04} + \dfrac{1}{0.01}\right)}}$$

$$= 0.08$$

测量结果为　　　$U = (10.14 \pm 3 \times 0.08)\ \text{V} = (10.14 \pm 0.24)\ \text{V}$

六、间接测量的误差

在实际测量中，有时误差来源于多方面。例如，用 n 个电阻串联，则总电阻的误差就与每个电阻的误差有关；功率的误差就与各直接测量量的误差有关。不管某项误差是由若干因素产生的还是由于间接测量产生的，只要某项误差与若干分项有关，这项误差就称总误差，各分项的误差都称分项误差或部分误差。

在测量工作中，常常需要从下面正反两个方面考虑总误差与分项误差的关系：

（1）如何根据各分项误差来确定总误差，即误差合成问题。

（2）当技术上对某量的总误差限定一定范围以后，如何确定各分项误差的数值，即误差的分配问题。

正确地解决这两个问题常常可以指导我们设计出最佳的测量方案。在注意测量经济、简便的同时，提高测量的准确度，使测量总误差减到最小。

1. 间接测量误差传递的基本公式

间接测量中，被测量是多个测量量的函数，如果测量量含有误差，则被测量也会有误差。

设 y 为被测量（也称总项），$x_1, x_2, \cdots, x_n$ 为测量量（也称分项）；Δy 和 $\Delta x_1, \Delta x_2, \cdots, \Delta x_n$ 分别为总项误差和分项误差。若 $y = f(x_1, x_2, \cdots, x_n)$，则

$$y + \Delta y = f(x_1 + \Delta x_1, x_2 + \Delta x_2, \cdots, x_n + \Delta x_n)$$

$$\Delta y = \frac{\partial f}{\partial x_1}\Delta x_1 + \frac{\partial f}{\partial x_2}\Delta x_2 + \cdots + \frac{\partial f}{\partial x_n}\Delta x_n$$

$$= \sum_{i=1}^{n} \frac{\partial f}{\partial x_i}\Delta x_i \qquad\qquad\text{（附 1-26）}$$

【附例 1-11】　电阻 $R_1 = 2\ \text{k}\Omega$、$R_2 = 3\ \text{k}\Omega$，相对误差均为 $\pm 5\%$，求串联后总的相对误差。

【解】　串联后的总电阻为

$$R = R_1 + R_2$$
$$\Delta R = \Delta R_1 + \Delta R_2$$

▼ 练习

1. 对某量进行了 4 次不等精度测量，它们的标准偏差分别为：0.03、0.04、0.05、0.08，求测量结果的权。

2. 用电压表测得 3 组数据，算术平均值分别为 21.1 V、21.3 V、21.5 V，其算术平均值的标准偏差为 0.20 V、0.10 V、0.05 V，求加权平均值和它的标准偏差，并写出测量结果。

▼ 想一想

用间接法测量电阻消耗的功率时，需测量电阻 R、端电压 U 和电流 I 三个量中的两个量，如何根据电阻、电压或电流的误差来推算出功率的误差？

$$\gamma_R = \Delta R/R = (\pm 5\% R_1 + 5\% R_2)/R$$
$$= \pm 5\%(R_1 + R_2)/R = \pm 5\%$$

【附例 1-12】　用间接法测量电阻上消耗的功率。利用公式 $P = IU$ 测量,已知 γ_I、γ_U,问功率的相对误差是多大?

【解】　利用公式

$$\Delta P = \sum_{i=1}^{n} \frac{\partial f}{\partial x_i} \Delta x_i = \frac{\partial P}{\partial I}\Delta I + \frac{\partial P}{\partial U}\Delta U$$

$$= U\Delta I + I\Delta U$$

$$\gamma_P = \frac{\Delta P}{P} = \frac{U\Delta I + I\Delta U}{IU} = \frac{\Delta I}{I} + \frac{\Delta U}{U}$$

$$= \gamma_I + \gamma_U$$

2. 间接测量标准偏差的传递

设被测量 y 与直接测量的结果 $x_1, x_2, \cdots, x_n$ 之间的函数关系是 $y = f(x_1, x_2, \cdots, x_n)$,当各 x_i 相互独立,并已知各 x_i 的标准偏差 $\sigma(x_i)$ 时,则间接测量的标准偏差为

$$\sigma(y) = \sqrt{\sum_{i=1}^{n} \left(\frac{\partial f}{\partial x_i}\right)^2 \sigma^2(x_i)} \tag{附 1-27}$$

练习 ▼

1. 电流流过电阻产生的热量为 $Q = 0.24 I^2 Rt$,已知电流、电阻和时间的相对误差为 γ_I、γ_R 和 γ_t,求热量的相对误差 γ_Q。

2. 已知 $U = 1.00$ V,$\sigma_U = 0.01$ V,$R = 10.0$ Ω,$\sigma_R = 0.1$ Ω,求功率 $P = U^2/R$ 的大小及功率的标准偏差 σ_P。

七、测量误差的合成

根据分项误差来确定总误差称为误差的合成。

1. 确定性系统误差的合成

若影响测量的 n 个分项系统误差的大小和符号已知,则总合成误差可按各分项误差的代数和法来进行计算,即

$$\varepsilon_y = \sum_{i=1}^{n} \frac{\partial f}{\partial x_i} \varepsilon_i \tag{附 1-28}$$

2. 非确定性系统误差的合成

对于只知道误差上下限,而不知道误差的大小和符号的非确定性系统误差,可用以下两种方法计算。

（1）绝对值和法

$$\varepsilon_{ym} = \pm \sum_{i=1}^{n} \left| \frac{\partial f}{\partial x_i} \varepsilon_i \right| \tag{附 1-29}$$

一般积函数的相对误差为

$$\gamma_{ym} = \pm (|\gamma_1| + |\gamma_2| + \cdots + |\gamma_n|) \tag{附 1-30}$$

此方法是按各分项误差同方向相加的,是最保守的,合成的误差可能偏大。因而通常采用方和根法。

（2）方和根法

$$\varepsilon_{ym} = \pm \sqrt{\sum_{i=1}^{n} \left(\frac{\partial f}{\partial x_i} \varepsilon_i\right)^2} \tag{附 1-31}$$

一般积函数的相对误差为

$$\gamma_{ym} = \pm \sqrt{\gamma_1^2 + \gamma_2^2 + \cdots + \gamma_n^2} \tag{附 1-32}$$

此法比较接近实际,是一种较好的误差合成方法。

（3）随机误差的合成

随机误差的合成是按几何方式合成的,即

$$\sigma^2(y) = \sum_{i=1}^{n} \left(\frac{\partial f}{\partial x_i}\right)^2 \sigma^2(x_i) \qquad (\text{附 } 1-33)$$

【附例 1-13】　有四个 $500\ \Omega$ 电阻串联,各电阻的系统误差分别为:$\varepsilon_1 = 4\ \Omega$、$\varepsilon_2 = 2\ \Omega$、$\varepsilon_3 = 5\ \Omega$、$\varepsilon_4 = 3\ \Omega$,求串联后总电阻的系统误差。

【解】　$\varepsilon_R = \varepsilon_{R1} + \varepsilon_{R2} + \varepsilon_{R3} + \varepsilon_{R4} = (4+2+5+3)\ \Omega = 14\ \Omega$。

【附例 1-14】　用某一型号的晶体管毫伏表 3 V 量程测一个 100 kHz、1.5 V 的电压,已知该表的固有误差为 $\pm 5\%$（1 kHz 时）,频率影响误差为 $\pm 3\%$（20 Hz~1 MHz）,分压器影响误差为 $\pm 10\%$,求测量总的相对误差。

【解】　（1）求示值相对误差:$\gamma_x = \dfrac{\Delta x_m}{x}$

$$\Delta x_m = \gamma_m y_m = \pm 5\% \times 3\ \text{V} = \pm 0.15\ \text{V}$$

$$\gamma_x = \frac{\pm 0.15}{1.5} = \pm 10\%$$

（2）用绝对值和法计算测量的相对误差:

$$\gamma_{ym} = \pm(|\gamma_x| + |\gamma_f| + |\gamma_R|) = \pm(10\% + 3\% + 10\%) = \pm 23\%$$

（3）用方和根法计算测量的相对误差:

$$\gamma_{ym} = \pm\sqrt{\gamma_x^2 + \gamma_f^2 + \gamma_R^2} = \pm\sqrt{10\%^2 + 3\%^2 + 10\%^2} = \pm 14.5\%$$

3. 误差的分配

根据总的误差来确定各分项误差称为误差的分配,合理地进行误差分配是达到测量准确度要求和拟定测量方案的重要内容。

误差分配的常用方法有:

（1）等作用分配

按各分项误差对总误差的影响相同来分配误差,各分项误差的大小可以不相同,即

$$\frac{\partial f}{\partial x_1}\varepsilon_1 = \frac{\partial f}{\partial x_2}\varepsilon_2 = \cdots = \frac{\partial f}{\partial x_n}\varepsilon_n,\ \varepsilon_i = \frac{\varepsilon_y}{n\dfrac{\partial f}{\partial x_i}} \qquad (\text{附 } 1-34)$$

或

$$\frac{\partial f}{\partial x_1}\sigma_1 = \frac{\partial f}{\partial x_2}\sigma_2 = \cdots = \frac{\partial f}{\partial x_n}\sigma_n = \frac{\sigma_y}{\sqrt{n}},\ \sigma_i = \frac{\sigma_y}{\sqrt{n}\dfrac{\partial f}{\partial x_i}}$$

（2）等准确度分配

按各分项误差相同来分配误差,适合分项误差量纲相同、数值相近的情况,即

$$\varepsilon_1 = \varepsilon_2 = \cdots = \varepsilon_n,\ \varepsilon_i = \frac{\varepsilon_y}{\sum_{i=1}^{n}\dfrac{\partial f}{\partial x_i}} \qquad (\text{附 } 1-35)$$

（3）抓住主要误差进行分配

按忽略次要误差而只保留主要项误差来分配,主要误差指一个或几个分项误差的影响超

过其他各分项误差影响和。

在实际工作中,对于误差的分配可以先采取平均分配的方法,再根据具体情况进行调整,使总误差不超过给定的要求即可。

【附例 1-15】 当利用公式 $P = I^2 Rt$ 测量直流电能量时,要求测量电能的总误差不大于 $\pm 1.2\%$,应怎样分配误差?

【解】 $\gamma_P = \pm(2\gamma_I + \gamma_R + \gamma_t)$

若按等作用分配,$\gamma_I = \gamma_R = \gamma_t = \dfrac{1}{4} \times (\pm 1.2\%) = \pm 0.4\%$。

【附例 1-16】 一整流电路,在滤波电容两端并联一泄放电阻,欲测量其消耗功率,要求功率的测量误差不大于 $\pm 5\%$,初测电阻上的电压为 10 V,电流为 80 mA,问选用哪一等级的电压表和电流表测量?

【解】 $P_R = U_R I_R = 10 \times 80$ mW $= 800$ mW,$\varepsilon_P \leqslant 800 \times (\pm 5\%) = \pm 40$ mW,即总误差不超过 40 mW

$$\varepsilon_P = \frac{\partial p}{\partial U}\varepsilon_U + \frac{\partial P}{\partial I}\varepsilon_I = I\varepsilon_U + U\varepsilon_I$$

按照等作用分配方法,$I\varepsilon_U \leqslant \dfrac{1}{2}\varepsilon_P$,$\varepsilon_U \leqslant \dfrac{\pm 40}{2 \times 80}$ V $= \pm 0.25$ V

测量电压应选用 1.5 级 10 V 或 1.5 级 15 V 电压表。

同理,$\varepsilon_I \leqslant \dfrac{\pm 40}{2 \times 10}$ mA $= \pm 2$ mA,测量电压应选用 1.5 级 100 mA 电流表。

4. 最佳测量方案选择

最佳测量方案是使总误差为最小的测量方案,也就是使系统误差和随机误差都减少到最小的测量方案,即做到

$$\varepsilon_y = \sum_{i=1}^{n} \frac{\partial f}{\partial x_i}\varepsilon_i = \min \qquad (\text{附 } 1\text{-}36)$$

$$\sigma^2(y) = \sum_{i=1}^{n} \left(\frac{\partial f}{\partial x_i}\right)^2 \sigma^2(x_i) = \min \qquad (\text{附 } 1\text{-}37)$$

式(附 1-36)要求测量准确度高,式(附 1-37)要求测量精密度高。式中每一项误差都达到最小时,总误差就会最小。但是通常各分项误差是由一些客观条件限定的,如技术上的可能、操作简易程度、仪表准确度等级等,所以选择最佳方案的方法只能是在现有条件下,了解各分项误差能达到的最小值,然后设计多种测量方案,最后选择出合成误差最小的方案。

(1)函数形式的选择

当有多种间接测量方案时,各方案的函数形式不同,比较各方案,选择合成误差最小的函数形式。

【附例 1-17】 测量电阻消耗的功率时,可间接测量电阻两端的电压、流过的电流,采用不同的方案计算得到。设电阻、电流、电压测量的相对误差为 $\pm 1\%$、$\pm 2.5\%$ 和 $\pm 2\%$,问应采用哪种测量方案?

【解】 方案 1:$P = UI$ $\gamma_P = \gamma_U + \gamma_I = \pm(2\% + 2.5\%) = \pm 4.5\%$

方案 2： $P=I^2R$ $\gamma_P=2\gamma_I+\gamma_R=\pm(2\times2.5\%+1\%)=\pm6\%$

方案 3： $P=U^2/R$ $\gamma_P=2\gamma_U-\gamma_R=\pm(2\times2\%+1\%)=\pm5\%$

显然,在已知各分项误差的情况下,方案 1 最佳。

（2）最佳测量点的选择

为了达到 ε_y 最小,在函数形式已经确定的情况下,可以选择适当的测量状态使测量误差减小到最低状态。例如万用表电阻挡,指针在中心位置,测量误差最小。

八、测量不确定度

1. 测量不确定度概念的提出

测量不确定度从词义上理解,意味着对测量结果可信性、有效性的怀疑程度或不肯定程度,是定量说明测量结果质量的一个参数。实际上由于测量不完善和人们的认识不足,所得的被测量值具有分散性,即每次测得的结果不是同一值,而是以一定的概率分散在某个区域内的许多个值。虽然客观存在的系统误差是一个不变值,但由于我们不能完全认知或掌握,只能认为它是以某种概率分布存在于某个区域内,而这种概率分布本身也具有分散性。测量不确定度就是说明被测量之值分散性的参数,它不说明测量结果是否接近真值。不确定度作为测量误差的数字指标,表示由于测量误差的存在而对被测量不能肯定的程度,是测量理论中很重要的一个新概念,是对测量结果质量的定量表征,测量结果的可用性很大程度上取决于其不确定度的大小。所以,测量结果表述必须同时包含赋予被测量的值及与该值相关的测量不确定度,才是完整并有意义的。

2. 不确定度的定义

不确定度是与测量结果相联系的一种参数,用于表征被测量值可能分散程度的参数。这个参数可以是标准偏差 σ 或 σ 的 K 倍;也可以是具有某置信概率 P（如 $P=95\%,99\%$）的置信区间的半宽。

不确定度分类如附图 1-13 所示。

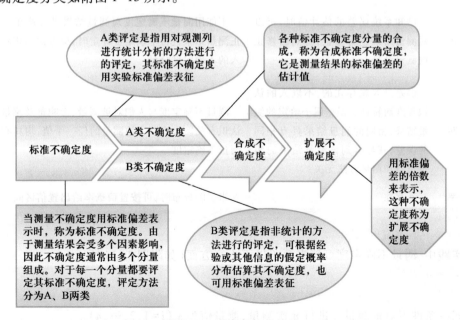

附图 1-13 不确定度分类

提　示

无论 A 类还是 B 类评定,它们的标准不确定度均以标准偏差表示,因此这两种评定方法得到的不确定度并无实质上的区别,只是评定方法不同而已。在对各分量合成时,两者的合成方法也相同。因此,过分认真地区分每一分量究竟属于 A 类还是 B 类评定,其实是没有必要的。

附表 1-7 为测量不确定度与测量误差的比较。

附表 1-7　测量不确定度与测量误差的比较

内容	测量误差	测量不确定度
定义	表明测量结果偏离真值,是一个确定的值	表明被测量之值的分散性,是一个区间。用标准偏差、标准偏差的倍数,或说明了置信水准的区间的半宽度来表示
分类	按出现于测量结果中的规律,分为随机误差和系统误差,它们都是无限多次测量的理想概念	按是否用统计方法求得,分为 A 类评定和 B 类评定。它们都以标准不确定度表示。在评定测量不确定度时,一般不必区分其性质。若需要区分时,应表述为"由随机效应引入的测量不确定度分量"和"由系统效应引入的不确定度分量"
可操作性	由于真值未知,往往不能得到测量误差的值。当用约定真值代替真值时,可以得到测量误差的估计值	测量不确定度可以由人们根据实验、资料、经验等信息进行评定,从而可以定量确定测量不确定度的值
数值符号	非正即负(或零),不能用正负(±)号表示	是一个无符号的参数,恒取正值。当由方差求得时,取其正平方根
合成方法	各误差分量的代数和	当各分量彼此独立时用方和根法合成,否则应考虑加入相关项
结果修正	已知系统误差的估计值时,可以对测量结果进行修正,得到已修正的测量结果	不能用测量不确定度对测量结果进行修正。对已修正测量结果进行不确定度评定时,应考虑修正不完善引入的不确定度分量
结果说明	误差是客观存在的,不以人的认识程度而转移。误差属于给定的测量结果,相同的测量结果具有相同的误差,其与得到该测量结果的测量仪器和测量方法无关	测量不确定度与人们对被测量、影响量及测量过程的认识有关。合理赋予被测量的任一个值,均具有相同的测量不确定度
置信概率	不存在	当了解分布时,可按置信概率给出置信区间

3. 测量不确定度的来源

在实践中,测量不确定度可能来源于以下十个方面(如附图 1-14 所示)。

4. 不确定度的评定方法

(1) 标准不确定度的 A 类评定方法

在同一条件下对被测量 x 进行 n 次测量,测量值为 $x_i (i = 1, 2, \cdots, n)$。

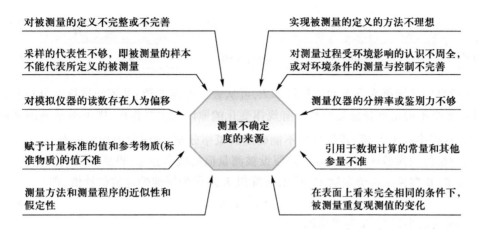

附图 1-14 测量不确定度的来源

① 计算样本算术平均值 $\bar{x} = \dfrac{1}{n}\sum\limits_{i=1}^{n} x_i$ 作为被测量 x 的估计值,并把它作为测量结果。

② 计算实验标准偏差:$\sigma(x) = \sqrt{\dfrac{1}{n-1}\sum\limits_{i=1}^{n}(x_i - \bar{x})^2}$。

③ 计算 A 类不确定度:$U_A = \sigma(\bar{x}) = \dfrac{\sigma(x)}{\sqrt{n}}$。 （附 1-38）

（2）标准不确定度的 B 类评定方法

B 类方法评定的主要信息来源是以前测量的数据、生产厂的技术证明书、仪器的鉴定证书或校准证书等。在不确定度的 B 类评定方法中,对于信息只给出了极大、极小这样的两个极限值的情况下,如何考虑其概率分布的问题是比较重要的。附表 1-8、附表 1-9 给出了均匀分布、正态分布时的置信概率 P 与置信因数 K 的关系,附表 1-10 给出了几种常见分布在 $P=1$ 时的置信因数 K。

附表 1-8 均匀分布时置信概率 P 与置信因数 K 的关系

$P(\%)$	K	$P(\%)$	K
57.74	1	99	1.71
95	1.65	100	1.73（$\sqrt{3}$）

附表 1-9 正态分布时置信概率 P 与置信因数 K 的关系

$P(\%)$	K	$P(\%)$	K
50	0.676	95.45	2
68.27	1	99	2.576
90	1.645	99.73	3
95	1.960		

附表 1-10　几种常见分布的置信因数 K

分布	三角	梯形	均匀	反正弦
$K(P=1)$	$\sqrt{6}$	$\sqrt{6}/\sqrt{1+\beta^2}$	$\sqrt{3}$	$\sqrt{2}$

若在信息中已知概率分布和置信概率 P,可从表中得到 K 值;若不知道概率分布和置信概率 P,其中某个不确定度分量是由某个有规律变化的原因起主要作用,则可按某原因来确定其概率分布,从表中查出 K 值;若最终仍不能确定其概率分布,则假设为均匀分布,K 值为:$\sqrt{3}$。

确定测量值的误差区间 $(\alpha,-\alpha)$,并假设被测量值的概率分布,得到要求的置信因数 K,则第 i 个分量的 B 类标准不确定度 U_B 可用 α 除以 K 来作为标准偏差的估计值,即

$$U_B = \alpha/K \tag{附 1-39}$$

式中,α 为区间的半宽度、K 为置信因数。

【附例 1-18】　某标准电阻 R_s 的校准证书说明:标准电阻的标称值为 10 Ω,在 23 ℃ 时,电阻大小为 $(10.000\ 742\pm0.000\ 129)$ Ω,其不确定度区间的置信概率为 99%。求电阻的标准不确定度。

【解】　由校准证书的信息已知置信区间的半宽为 $\alpha=129\ \mu\Omega$,$P=0.99$。

假设概率分布为正态分布,查表得 $K=2.576$。

电阻的标准不确定度为:$U_B(R_s)=129\ \mu\Omega/2.576=50\ \mu\Omega$。

（3）合成不确定度的评定方法

当测量不确定度有若干个分量 U_i 时,其综合的结果称为合成不确定度 U_C。

对于直接测量来说,若全部不确定度分量 U_i 彼此独立时,则合成不确定度 U_C 为 U_i 的方和根,即

$$U_C = \sqrt{\sum_{i=1}^{n} U_i^2} \tag{附 1-40}$$

对于间接测量,函数关系式 $y=f(x_1,x_2,\cdots,x_n)$,则

$$U_C(y) = \sqrt{\sum_{i=1}^{n}\left(\frac{\partial f}{\partial x_i}\right)^2 U^2(x_i)} \tag{附 1-41}$$

提示

一切不确定度分量均贡献给合成不确定度,即只会使合成不确定度增加。忽略任何一个分量,都会导致合成不确定度变小。但当某些分量小到一定程度后,对合成不确定度实际上起不到什么作用,为简化分析与计算,则可以忽略不计。例如,忽略某些分量后,对合成不确定度的影响不足十分之一,就可根据情况忽略这些分量。

（4）扩展不确定度的评定方法

扩展不确定度 U 由合成标准不确定度 U_C 与包含因子 K 的乘积得到,即

$$U = KU_C \tag{附 1-42}$$

式中,K 为包含因子(有时也称为覆盖因子)。

（5）测量不确定度的评定步骤

对某个被测量进行测量后要报告测量结果,并说明测量不确定度,如附图 1-15 所示。

【附例 1-19】　一台数字电压表出厂时的技术规范说明:"在仪器检定后的一年内,1 V 的不确定度是读数的 14×10^{-6} 倍加量程的 2×10^{-6} 倍"。在仪器检定后 10 个月,在 1 V 量程上测量

附图 1-15　测量不确定度的评定步骤

电压,得到一组独立重复条件下测量列的算术平均值为 0.928 571 V,已知其 A 类不确定度为 14 μV,假设概率分布为均匀分布,计算数字电压表在 1 V 量程上的合成不确定度。

【解】　计算 B 类不确定度:区间半宽 $\alpha = (14 \times 10^{-6} \times 0.928\ 571 + 2 \times 10^{-6} \times 1)\ V = 15\ \mu V$

概率分布为均匀分布　　　　　　　　$K = \sqrt{3}$

$$U_B(U) = \alpha/K = 15/\sqrt{3}\ \mu V = 8.7\ \mu V$$

合成标准不确定度为　$U_C = \sqrt{U_A^2(\overline{U}) + U_B^2(U)} = 15\ \mu V$

九、测量数据处理

1. 有效数字

若经截取得到的近似数其截取或舍入误差的绝对值不超过近似数末位的半个单位,则该近似数从左边第一个非零数字到最末一位数为止的全部数字,称之为有效数字。

例如:3.142 有 4 位有效数字、8.700 有 4 位有效数字、8.7×10^3 有 2 位有效数字、0.080 7 有 3 位有效数字。

注意:位于数字中间和末尾的 0 都是有效数字。数字末尾的 0 反映了近似数误差,不能随意舍去。例如,100、100.0、100.00 这三个近似数的数值是相等的,但它们的误差是不同的,其绝对误差不超过 0.5、0.05 和 0.005。

测量数据的绝对值比较大(或比较小),而有效数字又比较少的测量数据,应采用科学计数法,即 $k \times 10^m$,其中,m 为可具有任意符号的任意自然数,k 为大于 1 而小于 10 的任意数,其位数即是有效位数。

2. 数值修约

由于测量数据和测量结果均是近似数,其位数各不相同,为了使测量结果的表示得准确唯一、计算简便,在数据处理时,需对测量数据和所用常数进行修约处理。

数据修约规则:

(1) 小于 5 舍去——末位不变。

(2) 大于 5 进 1——在末位增 1。

(3) 等于 5 时,取偶数——当末位是偶数,末位不变;末位是奇数,在末位增 1(将末位凑

▶练习

对某电感进行了 15 次等精度测量,测量数据为:15.30、14.94、15.63、15.24、14.97、15.36、15.16、15.71、14.70、14.86、15.35、15.21、15.19、15.21、15.32,单位为 mH,测量数据已计入修正值,试计算扩展不确定度。

为偶数）。

例如,将下列数据舍入到小数第 2 位。

12. 434 4→12. 43　　　　　　63. 735 01→63. 74

0. 694 99→0. 69　　　　　　25. 325 0→25. 32

17. 695 5→17. 70　　　　　　123. 115 0→123. 12

提 示

舍入应一次到位,不能逐位舍入。

3. 近似运算法则

在近似数运算中,各运算数据以有效位数最少的数据位数为准,所有参与运算的数据在有效数字后可多保留一位数字。

（1）加减法运算

以有效数字位数最少的数为准,其余参与运算的数据要比有效位数最少的数据位数多一位数字,结果与小数位数最少的数据位数相同。

例如: 1 322. 15+914. 6+3. 557+0. 875 1 = 1 322. 2+914. 6+3. 557+0. 875 1≈2 241. 2

（2）乘除法运算

以有效数字位数最少的数为准,其余参与运算的数据要比有效位数最少的数据位数多一位数字,而结果的有效数字位数与有效位数最少的数据位数相同。

例如,20. 35×2. 14 = 43. 549 ≈ 43. 6　　　$\dfrac{523.84×0.23}{4.05} = \dfrac{524×0.23}{4.05} ≈ 30$

练习▼

将下列各数按近似数修约到百分位和千分位: $\sqrt{2}$、$\sqrt{3}$、π、6. 378 501、5. 623 5、4. 510 50、7. 510 51、13. 500 47、2. 149 6、1. 378 51。

（3）乘方、开方运算

运算结果比原数多保留一位有效数字。

例如, $27. 8^2 ≈ 772. 8$　　　$115^2 ≈ 1. 322×10^4$　　　$\sqrt{9.4} ≈ 3.07$

4. 测量数据的表示方法

（1）列表法

根据测试的目的和内容,设计出合理的表格。列表法简单、方便,数据易于参考比较,它对数据变化的趋势不如图解法明了和直观,但列表法是图示法和经验公式法的基础。

（2）图示法

图示法的最大优点是形象、直观,从图形中可以很直观地看出函数的变化规律,如递增或递减、最大值和最小值及是否有周期性变化规律等。例如三极管的输入输出特性曲线、放大器的幅频特性曲线等。

作图时采用直角坐标或极坐标。一般是先按成对数据(x,y)描点,再用分组平均法连成光滑曲线,这个过程称为曲线修匀。一般是将相邻的 2~4 个数据分为一组,然后估计出各组的几何重心,再用光滑曲线将重心点连接起来,并尽量使曲线接近所有点,不强求通过各点,要使位于曲线两边的点数尽量相等,这种方法减小了随机误差的影响,使曲线较为符合实际情况,如附图 1-16 所示。

（3）经验公式的确定

在实际应用中,经验公式也称为回归方程,是在实验测量的基础上归纳出来的,便于理论分析。在确定经验公式时,应根据经过修匀的曲线形状估计出经验公式的基本形式。在误差理论中,通常采用最小二乘法原理和回归分析等方法来确定经验公式。

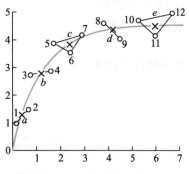

附图 1-16 分组平均法修匀曲线

① 最小二乘法。

最小二乘法的原理指出:在具有等精度的测量值中,最佳值就是能使各测量值残差的平方和最小的那个值,即 $\sum v_i^2$ 最小,或者说测量结果的最可信赖值应在残差平方和最小的条件下求出,这样能充分利用误差的抵偿作用,有效地减小随机误差的影响。

② 回归分析法。

回归分析法是处理多个变量之间相互关系的一种常用的数理统计方法,首先根据测量数据确定函数形式,即回归方程的类型,可取与测量结果相近曲线的函数形式,若有几种形式相近的,可依据最小二乘法原则选择各种形式中残差平方和最小者,再确定方程中的参数。在电子测量中,经常用到一元线性回归方程,即用一个直线方程 $y=ax+b$ 来表达测量数据 (x_i,y_i) $(i=1,2,\cdots,n)$ 之间的相互关系,即求出 a 和 b,此过程就是一元线性回归。即使遇到非线性关系,也可以通过变量代换的形式变换成线性关系,再利用最小二乘法代入测量数据求出待定参数。将确定的参数代入所选取的回归方程,即可确定出经验公式。

【附例 1-20】 在传感器的校验测量中得到一组数据,x 是压力,y 是传感器的输出电压值,用最小二乘法求出经验公式。

x_i	6	17	24	34	36	45	51	55	74	75
y_i	10.3	11.0	10.01	10.9	10.2	10.8	11.4	11.1	13.8	12.2

【解】 设要求的最佳曲线为线性方程 $y=ax+b$

由于在实际测量中含有误差,可写成 $y_i=(ax_i+b)+v_i$,则残差为 $v_i=y_i-(ax_i+b)$。

根据最小二乘法原理 $\sum v_i^2 = \sum (y_i-ax_i-b)^2 = \min$

即对上式的系数 a 和 b 求偏微分,$\dfrac{\partial \sum v_i^2}{\partial a}=0$ $\dfrac{\partial \sum v_i^2}{\partial b}=0$

得到方程 $$\sum x_i(y_i-ax_i-b)=0 \tag{1}$$
$$\sum (y_i-ax_i-b)=0 \tag{2}$$

将表中的测量数据代入式（2）得 10 个方程:

$10.3=6a+b$ $11.0=17a+b$ $10.01=24a+b$ $10.9=34a+b$ $10.2=36a+b$

$10.8=45a+b$ $11.4=51a+b$ $11.1=55a+b$ $13.8=74a+b$ $12.2=75a+b$

将上述 10 个方程相加得 $111.71=417a+10b \tag{2'}$

将表中数据代入式（1） 得 $61.8=36a+6b$、$187=289a+17b$ 等 10 个方程。

将 10 个方程相加得 $\qquad$ $4\ 841 = 22\ 105a + 417b$ $\hfill(1')$

解方程($1'$)和($2'$)得

$$a = 0.039 \quad b = 9.54$$

得出经验公式为 $\qquad y = 0.039x_i + 9.54$

5. 等精度测量数据的处理步骤(如附图 1-17 所示)

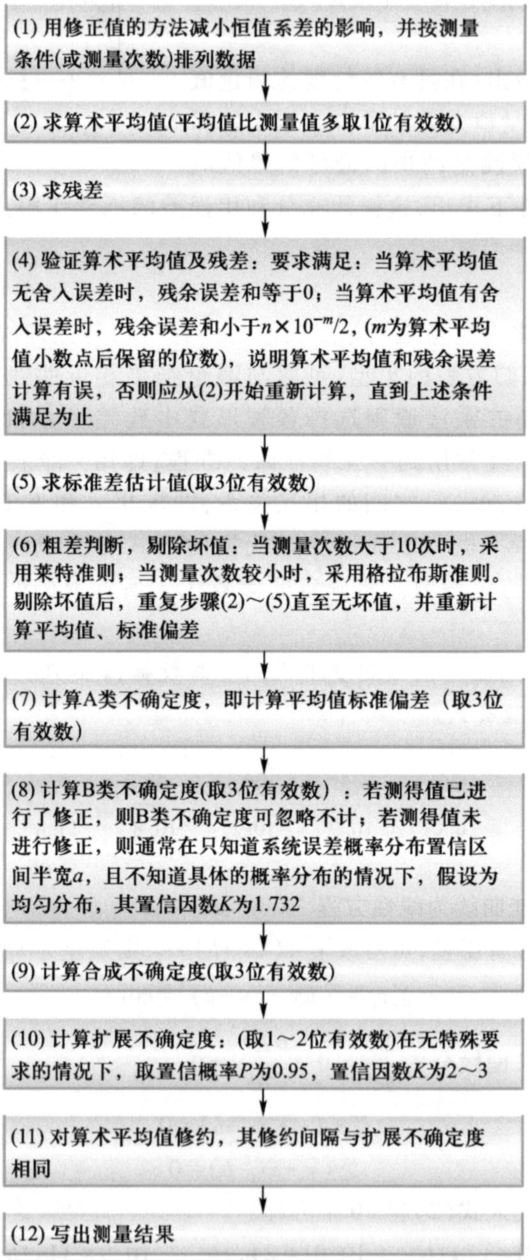

```
(1) 用修正值的方法减小恒值系差的影响,并按测量
    条件(或测量次数)排列数据

(2) 求算术平均值(平均值比测量值多取1位有效数)

(3) 求残差

(4) 验证算术平均值及残差:要求满足:当算术平均值
    无舍入误差时,残余误差和等于0;当算术平均
    值有舍入误差时,残余误差和小于 n×10^(-m)/2,(m 为算术平均
    值小数点后保留的位数),说明算术平均值和残差误差
    计算有误,否则应从(2)开始重新计算,直到上述条件
    满足为止

(5) 求标准差估计值(取3位有效数)

(6) 粗差判断,剔除坏值:当测量次数大于10次时,采
    用莱特准则;当测量次数较小时,采用格拉布斯准则。
    剔除坏值后,重复步骤(2)~(5)直至无坏值,并重新计
    算平均值、标准偏差

(7) 计算A类不确定度,即计算平均值标准偏差 (取3位
    有效数)

(8) 计算B类不确定度(取3位有效数):若测得值已进
    行了修正,则B类不确定度可忽略不计;若测得值未
    进行修正,则通常在只知道系统误差概率分布置信区
    间半宽 a,且不知道具体的概率分布的情况下,假设为
    均匀分布,其置信因数 K 为1.732

(9) 计算合成不确定度(取3位有效数)

(10) 计算扩展不确定度:(取1~2位有效数)在无特殊要
     求的情况下,取置信概率 P 为0.95,置信因数 K 为2~3

(11) 对算术平均值修约,其修约间隔与扩展不确定度
     相同

(12) 写出测量结果
```

附图 1-17   等精度测量数据的处理步骤

【附例 1-21】 用一套测量系统测电流,其不确定度 ≤±1%,现等精密度测量 11 次,得到

下表数据,求测量结果。

序号 i	1	2	3	4	5	6	7	8	9	10	11
电流 I_i/mA	2.72	2.75	2.65	2.71	2.62	2.45	2.62	2.70	2.67	2.73	2.74

【解】　(1) 求算术平均值: $\bar{I} = \dfrac{1}{11} \sum\limits_{i=1}^{11} I_i = 2.669$ mA。

(2) 求残差: $v_i = I_i - \bar{I}$,见下表。

测量序号 i	I_i	v_i	v_i^2	v_i'	$(v_i')^2$
1	2.72	0.051	0.002 601	0.029	0.000 841
2	2.75	0.081	0.006 561	0.059	0.003 481
3	2.65	−0.019	0.000 361	−0.041	0.001 681
4	2.71	0.041	0.001 681	0.019	0.000 361
5	2.62	−0.049	0.002 401	−0.071	0.005 041
6	2.45	−0.219	0.047 961	—	—
7	2.62	−0.049	0.002 401	−0.071	0.005 041
8	2.70	0.031	0.000 961	0.009	0.000 081
9	2.67	0.001	0.000 001	−0.021	0.000 441
10	2.73	0.061	0.003 721	0.039	0.001 521
11	2.74	0.071	0.005 041	0.049	0.002 401

(3) 验证 $\bar{I}$ 和 v_i: $\bar{I}$ 有舍入误差, $\left| \sum\limits_{i=1}^{11} v_i \right| = 0.001 < n \cdot \dfrac{10^{-m}}{2} = 11 \times \dfrac{10^{-3}}{2} = 0.005\ 5$,所以 $\bar{I}$ 和 v_i 计算正确。

(4) 计算标准偏差: $\sigma = \sqrt{\dfrac{1}{11-1} \sum\limits_{i=1}^{11} v_i^2} = 0.085\ 8$。

(5) 判断粗大误差:根据格拉布斯准则,在置信概率为 95%,测量次数 $n = 11$ 时,查表得 $g = 2.23$, $g \cdot \sigma = 2.23 \times 0.085\ 8 = 0.191$,经检查在 11 次测量中最大的残差为 $|v_6| = 0.219 > 0.191$,所以 I_6 含有粗大误差,为异常值,应将其剔除,在余下的 10 个测量值中重复(1)~(5)的步骤: $\bar{I}' = \sum\limits_{\substack{i=1 \\ i \neq 6}}^{11} I_i = 2.691$ mA,新的残余误差 v_i' 值见表, $\bar{I}'$ 无舍入误差, $\sum v_i' = 0$,所以 $\bar{I}'$ 和 v_i' 计算正确,

重新计算 $\sigma' = \sqrt{\dfrac{1}{10-1} \sum\limits_{\substack{i=1 \\ i \neq 6}}^{11} (v_i')^2} = 0.048\ 2$。

在置信概率为 95%,测量次数 $n = 10$ 时,查表得 $g = 2.18$, $g \cdot \sigma = 2.18 \times 0.048\ 2 = 0.105$,经检查在剩余的 10 次测量中,没有残余误差超过 0.105,所以不存在异常值。

（6）计算 A 类不确定度：$U_A(\bar{I}) = \dfrac{\sigma'}{\sqrt{10}} = \dfrac{0.048\ 2}{\sqrt{10}} = 0.015\ 2$。

（7）计算 B 类不确定度：半宽 $\alpha = \bar{I'} \times 1\% = 2.691 \times 1\% = 0.026\ 91$，假设误差的分布为均匀分布，$K = \sqrt{3}$，$U_B(I) = \alpha/K = 0.015\ 5$。

（8）计算合成不确定度：$U_C = \sqrt{U_A(\bar{I})^2 + U_B(I)^2} = \sqrt{0.015\ 2^2 + 0.015\ 5^2} = 0.021\ 7$。

（9）计算扩展不确定度：$KU_C = 2 \times 0.021\ 7 = 0.043\ 4 \approx 0.043$。

（10）写出测量结果表达式：$I = \bar{I'} \pm KU_C = (2.691 \pm 0.043)\ \mathrm{mA}$。

【附例 1-22】 用电压表直接测量一个标称值为 200 Ω 的电阻两端的电压，以便确定该电阻承受的功率。测量所用电压表的技术指标由使用说明书得知，其最大允许误差为 ±1%，经计量鉴定合格；标称值为 200 Ω 的电阻经校准，校准证书给出其校准值为 199.99 Ω，校准值的扩展不确定度为 0.02 Ω（包含因子 K 为 2）。用电压表对该电阻在同一条件下重复测量 5 次，测量值分别为：2.2 V、2.3 V、2.4 V、2.2 V、2.5 V。测量时温度变化对测量结果的影响可忽略不计，求功率的测量结果及其扩展不确定度。

【解】 （1）计算功率的公式　　　　$P = U^2/R$

（2）计算测量结果的最佳估计值：

① $\bar{U} = \displaystyle\sum_{i=1}^{5} U_i/5 = (2.2 + 2.3 + 2.4 + 2.2 + 2.5/5)\ \mathrm{V} = 2.32\ \mathrm{V}$

② $P = \bar{U}^2/R = 2.32^2/199.99\ \mathrm{W} = 0.027\ \mathrm{W}$。

（3）测量不确定度的分析：

本例的测量不确定度主要来源为：①电压表不准确；②电阻不准确；③由于各种随机因素影响所致电压测量的不准确。

（4）标准不确定度分量的评定：

① 电压测量引入的标准不确定度。

a. 电压表不准引入的标准不确定度分量 $U_1(U)$ 按 B 类不确定度评定，$\alpha = 2.32 \times 1\%$ V = 0.023 V，$U_1(U) = \alpha/K = 0.023/\sqrt{3}$ V = 0.013 V。

b. 电压测量不准确引入的标准不确定度分量 $U_2(U)$ 按 A 类不确定度评定，

$$\bar{U} = 2.32\ \mathrm{V}$$

$$\sigma = \sqrt{\dfrac{\displaystyle\sum_{i=1}^{5}(U_i - \bar{U})^2}{5-1}} = \sqrt{\dfrac{0.12^2 + 0.02^2 + 0.08^2 + 0.12^2 + 0.18^2}{4}}\ \mathrm{V} = 0.13\ \mathrm{V}$$

$$U_2(U) = \dfrac{\sigma}{\sqrt{n}} = \dfrac{0.13}{\sqrt{5}}\ \mathrm{V} = 0.058\ \mathrm{V}$$

c. 由此可得电压测量不确定度为

$$U(U) = \sqrt{U_1^2(U) + U_2^2(U)} = \sqrt{0.013^2 + 0.058^2}\ \mathrm{V} = 0.059\ \mathrm{V}$$

② 电阻引入的标准不确定度分量 $U(R)$。

由电阻的校准证书得知，其校准值的扩展不确定度 $U = 0.02$ Ω，且 $K = 2$，则 $U(R)$ 可按 B 类不确定度评定，$U(R) = \alpha/K = U/K = 0.02/2$ Ω = 0.01 Ω。

（5）计算合成标准不确定度 $U_c(P)$：

$$U_c(P) = \sqrt{\left(\frac{\partial P}{\partial U}\right)^2 U^2(U) + \left(\frac{\partial P}{\partial R}\right)^2 U^2(R)} = \sqrt{\left(\frac{2U}{R}\right)^2 U^2(U) + \left(\frac{U^2}{-R^2}\right)^2 U^2(R)}$$

$$= \sqrt{\left(\frac{2\times2.23}{199.99}\right)^2 \times 0.059^2 + \left(\frac{2.32^2}{199.99^2}\right)^2 \times 0.01^2}\ \text{W}$$

$$= 0.001\,4\ \text{W}$$

（6）计算扩展不确定度 U：

$$U = KU_c(P) = 2 \times 0.001\,4 = 0.002\,8$$

（7）写出最终测量结果：

$$P = (0.027 \pm 0.003)\ \text{W} \qquad （置信水平\ P = 0.95）$$

▼练习

对某振荡器的输出频率等精度测量 11 次，测量值为：10. 01、10. 05、10. 11、10. 10、10. 12、10. 10、10. 12、10. 08、10. 10、10. 03、10. 06，单位为 kHz，该测量系统的不确定度为 ±0. 1%，试写出测量结果。

信号发生器又称信号源,它是在电子测量中提供符合一定技术要求的电信号的仪器。信号发生器可产生不同波形、频率和幅度的信号,为测试各种模拟系统和数字系统提供不同的信号,广泛地应用在电子技术实验、自动控制系统和其他领域。它能够产生正弦波、方波、三角波、锯齿波等多种波形,因其时间波形可用某种时间函数来描述而得名。函数信号发生器在电路实验和设备检测中具有十分广泛的应用。例如,在通信、广播、电视系统中,都需要射频(高频)发射,这里的射频波就是载波,把音频(低频)、视频信号或脉冲信号运载出去,就需要能够产生高频的振荡器。在工业、农业、生物医学等领域内,如高频感应加热、熔炼、超声诊断、核磁共振成像等,都需要功率或大或小、频率或高或低的振荡器。

信号发生器的应用非常广泛,种类繁多。首先,信号发生器可以分通用和专用两大类,专用信号发生器主要为了某种特殊的测量目的而研制的,如电视信号发生器、脉冲编码信号发生器等。这种发生器的特性是受测量对象的要求所制约的。其次,按其产生频率的方法又可分为谐振法和合成法两种。一般传统的信号发生器都采用谐振法,即用具有频率选择性的回路来产生正弦振荡,获得所需频率。但也可以通过频率合成技术来获得所需频率。利用频率合成技术制成的信号发生器,通常被称为合成信号发生器。

根据用途不同,有产生三种或多种波形的函数信号发生器,使用的器件可以是分立器件(如低频信号函数发生器 S101 全部采用晶体管),也可以是集成电路(如单片集成电路函数信号发生器 ICL8038)。

当然还可以其他角度分类如下:

1. 按输出波形分类

① 正弦信号发生器:产生正弦波或受调制的正弦波。

② 脉冲信号发生器:产生脉宽可调的重复脉冲波。

③ 函数信号发生器:产生幅度与时间成一定函数关系的信号,即正弦波、三角波、方波等各种信号。

④ 噪声信号发生器:产生各种模拟干扰的电信号。

2. 按输出频率范围分类

① 超低频信号发生器:频率范围为 0.001 Hz～1 kHz。

② 低频信号发生器:频率范围为 1 Hz～1 MHz。

③ 视频信号发生器:频率范围为 20 Hz～10 MHz。

④ 高频信号发生器:频率范围为 200 kHz～30 MHz。

⑤ 甚高频信号发生器:频率范围为 30 MHz～300 MHz。

⑥ 超高频信号发生器:频率范围为 300 MHz 以上。

一、函数信号发生器

函数信号发生器是一种多波形信号源,它能产生某些特定的周期性时间函数波形。工作频率可以从几毫赫（mHz）至几十兆赫（MHz）。一般能产生正弦波、方波和三角波,有的还可以产生锯齿波、矩形波（宽度和重复周期可调）、正负脉冲等波形。它也可以具有调频、调幅等调制功能。函数信号发生器可在生产、测试、仪器维修和实验时作信号源使用。除工作于连续状态外,有的还能键控、门控或者工作于外触发方式。

1. 模拟波形产生即振荡法

（1）方波三角波产生

方波三角波的产生如附图 2-1 所示。

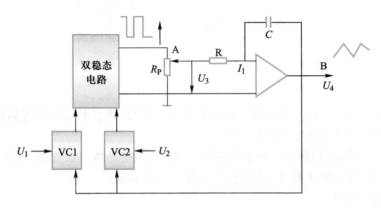

附图 2-1　方波三角波产生图

设充放电电流为 I,输出三角波的频率为 f_{sc},则

$$f_{sc} = \frac{I}{2C(U_1 - U_2)} = \frac{U_3}{2RC(U_1 - U_2)} \qquad （附 2-1）$$

（2）振荡产生正弦波

正弦波的产生可以用文氏振荡电路,如附图 2-2 所示。

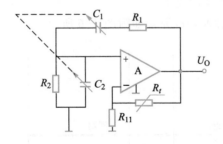

附图 2-2　文氏振荡电路

文氏振荡电路输出正弦波的频率为

$$f = \frac{1}{2\pi\sqrt{R_1 C_1 R_2 C_2}} \qquad （附 2-2）$$

（3）波形变换

积分产生三角波,比较产生方波,叠加、整流产生锯齿波,如附图 2-3 所示。

滤波产生正弦波如附图 2-4 所示。

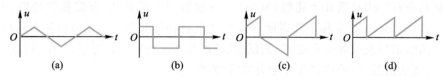

附图 2-3   波形变换

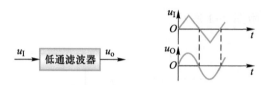

附图 2-4   滤波产生正弦波

（4）脉冲波形生成

常规脉冲生成利用各种形式的多谐振荡器产生矩形波,或者利用整形电路将现有的各种触发信号变换成符合要求的矩形脉冲波形。

快沿（纳秒/皮秒级别）脉冲生成利用隧道二极管、雪崩晶体三极管、阶跃恢复二极管、耿式器件等分立元件及水银开关、脉冲放电管、光导开关等实现。

① 序列式脉冲发生

序列式脉冲发生技术框图如附图 2-5 所示。

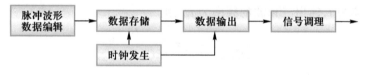

附图 2-5   序列式脉冲发生技术框图

延伸学习 ▾
矩形脉冲特性参数

② 数字合成式脉冲发生

极窄脉冲/单脉冲合成原理如附图 2-6 所示。

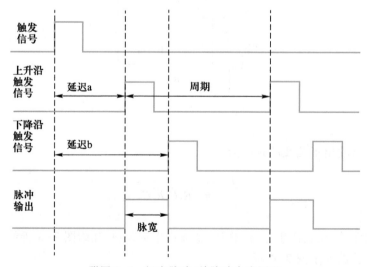

附图 2-6   极窄脉冲/单脉冲合成原理

双脉冲合成原理如附图 2-7 所示。

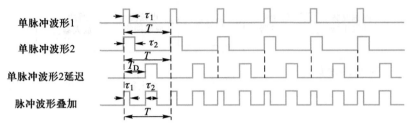

附图 2-7　双脉冲合成原理

群脉冲合成原理如附图 2-8 所示。

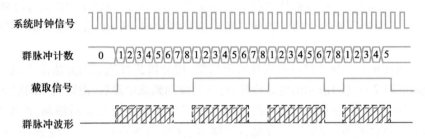

附图 2-8　群脉冲合成原理

（5）直接数字波形合成

直接数字波形合成框图如附图 2-9 所示。

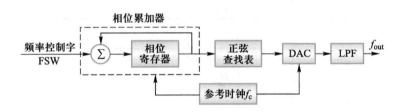

附图 2-9　直接数字波形合成框图

2. 函数信号发生器的基本原理

函数信号发生器产生信号的方法有三种：一种是用施密特电路产生方波，然后经变换得到三角波和正弦波。第二种是先产生正弦波再得到方波和三角波。第三种是先产生三角波再转换为方波和正弦波。

（1）由方波产生三角波、正弦波

附图 2-10 是由方波产生三角波、正弦波的函数发生器原理框图。施密特触发器用来产生方波。它可由外触发脉冲触发，也能使用由内触发脉冲发生器提供的触发信号，这时输出信号频率由触发信号的频率所决定。施密特触发器在触发信号的作用下翻转，并产生方波，方波信号送至积分器。通常积分器使用线性很好的密勒积分电路，于是在积分器输出端可得到三角波信号。调节积分器的积分时间常数 RC 的值，可改变积分速度，即改变输出的三角波斜率，从而调节三角波的幅度。

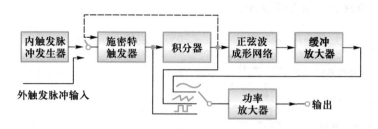

附图 2-10   函数信号发生器原理方框图之一

也可按附图 2-10 中虚线所示,将积分器输出的三角波信号反馈至施密特触发器的输入端,构成正反馈环,组成振荡器。这时工作频率则由反馈决定。由于将三角波引至施密特触发器的输入端作为反馈信号,而施密特的触发电平又是固定的,这时调节 RC 值可改变到达触发电平所需时间,从而改变所产生的方波和三角波信号的频率,当 RC 数值很大时可获得频率很低的信号。

正弦波形通常是令三角波经过非线性成形网络,用分段折线逼近的方法来实现。例如若一个电路具有如图附 2-11(a)所示的电路特性,将三角波加到该电路后,能得到如图附 2-11(b)所示的波形。由图可见,这种网络对信号的衰减会随三角波幅度的加大而增加,产生削顶,从而使输出波形向正弦波逼近,如果折线段选得足够多,并适当选择转折点的位置,就能得到非常逼真的正弦波。

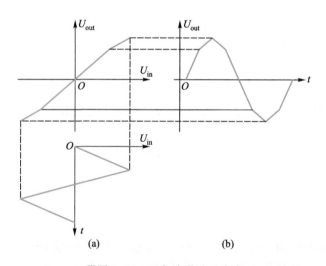

附图 2-11   三角波逼近正弦波

附图 2-12 为实际的正弦波成形网络。电路中使用了 6 对二极管。正、负直流稳压电源和电阻 $R_1 \sim R_7$ 及 $R'_1 \sim R'_7$ 为二极管提供适当的偏压,以控制三角波逼近正弦波时转折点的位置。随着输入电压的变化,6 对二极管依次导通和截止,并把电阻 $R_8 \sim R_{13}$ 依次接入电路或从电路断开。电路中每个二极管可产生一个转折点。在正半周时,1 对二极管可获得三段折线,负半周也有三段折线,即使用 1 对二极管可获得 6 段折线。以后每增加 1 对二极管,正负半周可各增加二段。因此它可产生 26 段折线。由这种正弦波成形网络获得的正弦信号失真小,用 5 对二极管时可小于 1%,用 6 对时可小于 0.25%。

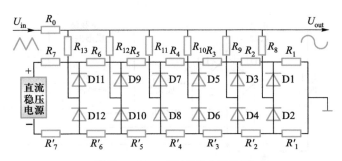

附图 2-12　正弦波形成网络图

（2）由正弦波产生方波、三角波

也可以采用由正弦波产生方波和三角波的方案，其原理方框图见附图 2-13。该仪器的工作频率为 1 Hz~1 MHz。这种方案中振荡器采用通常的文氏电桥振荡电路，输出正弦波的波形很好。在 20 Hz~20 kHz 范围内，谐波失真度可小于 0.1%。

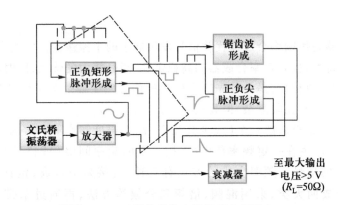

附图 2-13　函数信号发生器原理方框图之二

正弦信号送至整形电路限幅，再经微分、单稳态调宽、放大，便得到幅度可调的正负矩形脉冲，且其宽度可在 0.1~10 000 μs 内连续调节。脉冲前沿小于 40 ns。

负矩形脉冲送至锯齿波产生电路，从而得到扫描时间可连续调节的锯齿波信号。扫描时间为 0.1~10 000 μs。负矩形脉冲再经微分、放大后，可输出宽度小于 0.1 μs 的正负尖脉冲。

（3）由三角波产生方波、正弦波

在一些新型的晶体管化和集成化的函数信号发生器中，采用正负电源对电容积分，先产生三角波，再转换为方波和正弦波。其原理方框图如附图 2-14 所示。

这类仪器利用正、负电流源对积分电容充放电，产生线性很好的三角波。改变正、负电流源的激励电压，能够改变电流源的输出电流，从而改变三角波的充放电速度，使三角波的重复频率得到改变，实现频率调谐。

正负电流源的工作转换受电平检测器控制，它可用来交替切换送往积分器的充电电流正负极性，使缓冲放大器输出一定幅度的三角波信号，同时，电平检测器则输出一定幅度的方波。三角波再经正弦波成形网络，可输出和三角波峰-峰值相同的正弦波。

三角波、方波和正弦波信号经选择开关送往输出放大器后输出。输出端接有衰

▼ 延伸学习

一种函数信号发生器的技术指标及使用方法

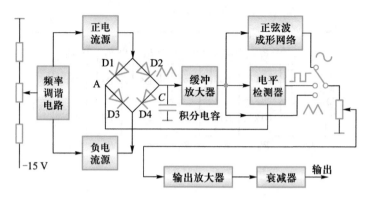

附图 2-14   函数信号发生器原理图方框图之三

减器,用于调整输出电压的大小。

二、合成信号发生器

1. 合成信号发生器的原理

合成信号发生器是用频率合成器代替信号发生器中的主振荡器。它既有信号发生器良好的输出特性和调制特性,也有频率合成器的高稳定度、高分辨力的优点,同时输出信号的频率、电平、调制深度等都可以程控,是一种先进高档次的信号发生器。为了保证良好的性能,合成信号发生器的电路一般都比较复杂,但其核心是频率合成器。

搜索 ▼
频率合成技术在军用雷达中的应用及意义

频率合成器是把一个(或少数几个)高稳定度频率源 f_s 经过加、减、乘、除及其组合运算,产生在一定频率范围内、按一定的频率间隔(或称频率跳步)的一系列离散频率的信号。频率合成的方法有三种:直接频率合成,包括非相关直接频率合成和相关频率合成两大类,采用混频、倍频和分频等方法,再通过窄带滤波器选频来实现;间接频率合成,利用锁相环把压控振荡器的输出频率锁定在基准频率上,通过不同形式的锁相环,在基准频率基础上合成不同频率;直接数字合成,基于取样技术和数字计算机技术实现频率合成。

(1)直接合成法

直接合成法是将基准晶体振荡器产生的标准频率信号,利用倍频器、分频器、混频器及滤波器等进行一系列四则运算以获得所需要的频率输出。附图 2-15 是直接式频率合成器原理框图。

图中晶振产生 1 MHz 基准信号,并由谐波发生器产生相关的 1 MHz、2 MHz、…、9 MHz 等基准频率,然后通过十进制分频器(完成 ÷10 运算)、混频器和滤波器(完成加法或减法运算),最后产生 4.628 MHz 输出信号。只要选取不同次谐波进行合适的组合,就能得到所需频率的高稳定度信号,频率间隔可以做到 0.1 Hz 以下。这种方法频率转换速度快,频谱纯度高。但它需要众多的混频器、滤波器,因而显得笨重。目前多用在实验室、固定通信、电子对抗和自动测试等领域。

(2)间接合成法

间接合成法也称锁相合成法,它是通过锁相环(PLL)来完成频率的加、减、乘、除。锁相环具有滤波作用,其通频带可以做得很窄,并且中心频率易调,又能自动跟踪输入频率,因而,可

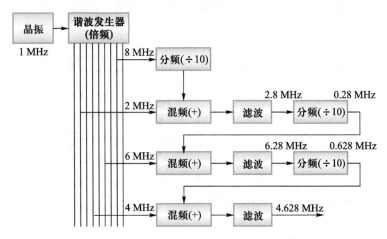

附图 2-15　直接式频率合成器原理框图

以省去直接合成法中使用的大量滤波器,有利于简化结构,降低成本,便于集成。锁相环路是间接合成法的基本电路,它是完成两个电信号相位同步的自动控制系统。基本锁相环是由鉴相器(PD)、环路低通滤波器(LPF)和电压控制振荡器(VCO)组成,如附图 2-16 所示。

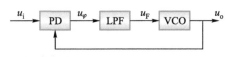

附图 2-16　基本锁相环方框图

工作原理:是输入信号 u_i 和输出信号 u_o 加到鉴相器上进行相位比较,其输出端的误差电压 u_φ 同两信号的瞬时相位差成比例。误差电压经环路低通滤波器滤除其中的高频分量和噪声以后,用以控制压控振荡器,使其振荡频率向输入频率靠拢,直至锁定为止。环路一经锁定,则压控振荡器的频率就等于输入信号的频率。此时,两信号的相位差保持某一恒定值,因而,鉴相器的输出电压自然也为一直流电压,振荡器就在此频率上稳定下来。

附图 2-17 就是频率合成器中经常使用一些基本锁相环路。图中倍频器的倍频系数 n 或分频器的分频系数 n,能在频率预置时置定,使这些锁相环路中的压控振荡器处于锁相环的捕捉范围内,于是在环路的输出端可得到输入信号的分频、倍频、和频或差频等信号。

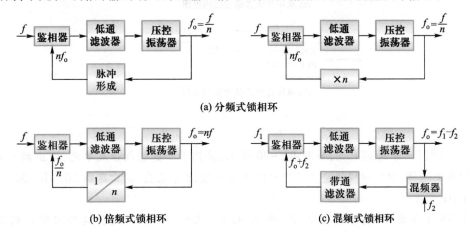

附图 2-17　常用基本锁相环路

多个基本的锁相环路可以组合在一起形成多环频率合成。附图 2-18 为合成信号发生器中的三环频率合成。

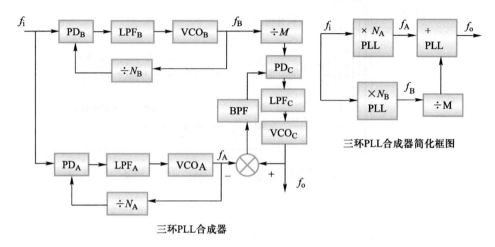

附图 2-18 三环合成

$$f_A = N_A f_i$$
$$f_B = N_B f_i \qquad f_o = (N_A + N_B / M) f_i \qquad (附2\text{-}3)$$
$$f_o - f_A = f_B / M$$

【附例 2-1】 附图 2-19 为一双环频率合成,环 1 进行频率粗调,内插振荡器实现频率精调,混频环实现频率求和。

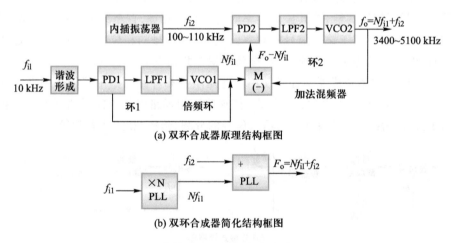

附图 2-19 双环频率合成

【附例 2-2】 十进制 PLL,如附图 2-20 所示,采用了十进锁相合成单元,输出频率是采用十进数字盘来选择,它可以提供更高的输出频率准确度,8 个表盘,输出范围 200 Hz~30 MHz,分辨率为 1 Hz。

(1) DS-1 合成单元:如附图 2-21 所示,倍频、混频、分频,刻度盘选择倍频环的输出频率,输出范围:1.2~1.3 MHz。

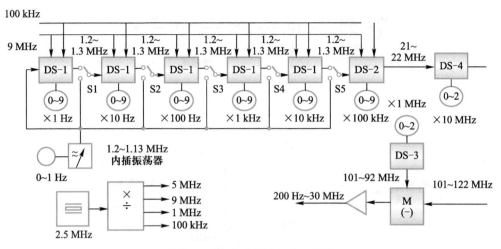

附图 2-20 十进制锁相合成单元

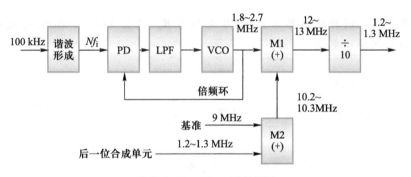

附图 2-21 DS-1 原理框图

（2）DS-2 合成单元：如附图 2-22 所示。

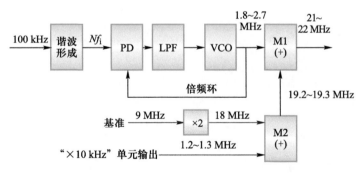

附图 2-22 DS-2 原理框图

（3）DS-3 合成单元：如附图 2-23 所示。

（4）DS-4 合成单元：如附图 2-24 所示。

（5）输出频率连续调节：如附图 2-25 所示，为了使输出频率连续可调，频率合成器中加入了一个内插振荡器，当选择开关 S 置于 1 时，内插振荡器是一个倍频环，它输出一个 1.2 MHz 的固定点频，此时频率合成器只能输出离散频率。当内插振荡器的开关 S 置于 2 时，VCO 就

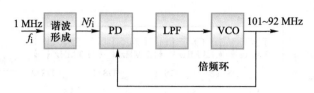

附图 2-23　DS-3 原理框图

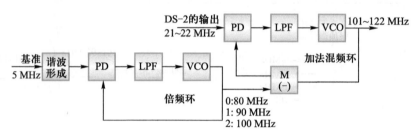

附图 2-24　DS-4 原理框图

作为一个频率连续可调的振荡器工作,调节电位器 R_P,改变 VCO 的偏压,可使它的输出在 1.2~1.3 MHz 之间连续变化。

延伸学习 ▼
一种合成信号发生器的技术指标及使用方法

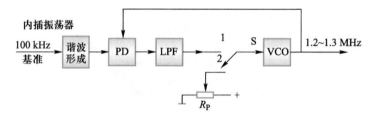

附图 2-25　内插振荡器组成框图

微课 ▼
合成信号发生器的使用

参考文献

[1] 杨吉祥.电子测量技术基础[M].南京:东南大学出版社,1999.

[2] 张小林.无线电调试工职业技能鉴定指南[M].北京:科学技术文献出版社,2002.

[3] 林占江.电子测量技术[M].北京:电子工业出版社,2003.

[4] 陆绮荣.电子测量技术[M].北京:电子工业出版社,2003.

[5] 魏中.电子测量与仪器[M].北京:化学工业出版社,2003.

[6] 劳动和社会保障部教材办公室组织编写.电子测量与仪器[M].北京:中国劳动社会保障出版社,2003.

[7] 宋悦孝.电子测量与仪器[M].北京:电子工业出版社,2004.

[8] 古天祥.电子测量原理[M].北京:机械工业出版社,2004.

[9] 陈尚松,雷加,郭庆.电子测量与仪器[M].北京:电子工业出版社,2005.